CIRCLE 06

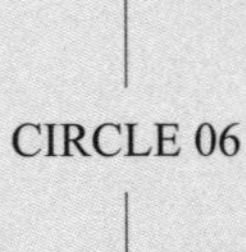

CIRCLE 06

四千年農夫

FARMERS OF FORTY CENTURIES

OR PERMANENT AGRICULTURE IN CHINA, KOREA AND JAPAN

一趟東方人文與古法
農耕智慧的時空行旅

富蘭克林・希拉姆・金恩 Franklin Hiram King——著　鄧捷文——譯

CIRCLE 06

四千年農夫：
一趟東方人文與古法農耕智慧的時空行旅

原書書名 FARMERS OF FORTY CENTURIES OR PERMANENT AGRICULTURE IN CHINA, KOREA AND JAPAN

原書作者 富蘭克林・希拉姆・金恩（Franklin Hiram King）
譯　　者 鄧捷文
封面設計 林淑慧
特約編輯 林君冠
主　　編 劉信宏
總 編 輯 林許文二

出　　版 柿子文化事業有限公司
地　　址 11677 臺北市羅斯福路五段 158 號 2 樓
業務專線 （02）89314903#15
讀者專線 （02）89314903#9
傳　　真 （02）29319207
郵撥帳號 19822651 柿子文化事業有限公司
投稿信箱 editor@persimmonbooks.com.tw
服務信箱 service@persimmonbooks.com.tw

業務行政 鄭淑娟、陳顯中

初版一刷 2020 年 8 月
定　　價 新臺幣 460 元
I S B N 978-986-98938-2-4

國家圖書館出版品預行編目 (CIP) 資料

四千年農夫 / 富蘭克林 . 希拉姆 . 金恩 (Franklin Hiram King) 著 ;
鄧捷文譯 . -- 一版 . -- 臺北市 : 柿子文化 , 2020.08
　面 ;　公分 . -- (Circle ; 6)
譯　自 : Farmers of forty centuries or Permanent agriculture in China, Korea and Japan.
ISBN 978-986-98938-2-4(平裝)

1. 農業史 2. 日本 3. 韓國 4. 中國

430.93　　109007778

推薦序

永續農業的良好參考及省思

《四千年農夫》一書的作者金恩博士描述他一百多年前到亞洲地區（中國、韓國及日本）看到的農業生產體系，是一種具永續生產性的農業。

在那個沒有化學合成物質的時代，農民極盡可能的循環利用可以肥沃田地的各種物質，包括糞材配合各種植物枝葉堆製成的堆肥、植物體經燃燒後的灰燼，以及河床中的泥，來維持及增進農田土壤的肥力及生產力。

農民們依循各地氣候及水分的豐缺，努力的在周年中種植各種作物，生產出支持人畜生活所需的糧食、衣物及維生的薪材。而近代農業過度使用各種化學物質，造成生態與環境失衡、農田土壤品質劣化及人畜健康遭受危害等負面影響，本書提供人們推動永續性農業及有機農業的良好參考及省思。

——王鐘和，國立屏東科技大學 有機農業研究室教授

與土地共存共榮

這是一本首版於一九一一年的著作，作者遠渡重洋來到東亞地區，實地探訪了中國、日本、韓國的農作型態，採訪記錄成了這本書，雖然是百年前的紀錄，卻可從中看出現代耕作的缺失，以及須借鏡農作的方式。

作者金恩教授，用實際體驗、觀察，記錄了中國與日本、韓國的農耕實際情形。雖然是百年前的著作，卻充滿知性與感性。對實際農耕，深刻的觀察與紀錄，留給後人對農業與土地的關係，以及環保生態的耕種觀念，給人省思。

目前正在執行全國教退協會「野菜學校」設校計畫，其中除野菜辨識、野菜文化、野菜烹飪與種植等課程，計畫主持人教退協會陳木城理事長，更引進生物動力的農耕觀念，以酵素、蚯蚓、黑水虻等大地的功臣，做為學習、教學的內涵。

其中有關飼養黑水虻，分解人類和畜產的糞便，成為土地的營養，在此書中給了最大的印證。本書導言中，作者金恩博士詳細記錄當時中國，運用人類與動物的糞便，經過蒐集並施用於田地之中，產生很大的效益。

以當時上海市一位承包商，每天進入住宅區和公共場所，蒐集七萬九千五百六十公噸的排泄物，換得超過三萬一千美元的價格，更提高農作物的生產。而當時美國，和百年後的我們，卻要花費更多的錢，來拋棄處理這些糞便。

野菜學校推廣黑水虻飼養，就是專門用來處理人類動物的糞便，可以產生極大的效益，幫助土地改良、增加作物生長，正是呼應金恩教授，當年在中國所看到的，不僅解決排洩物的處理，也可以增益大地的肥沃度。

大力推薦此書，雖是百年前的老書，卻是最環保、生態的耕種知識，讓我們再一次，親炙古老農耕的智慧。

——陳清枝，野菜學校校長

成為土地的守護者與共享者

疫情來襲，我們必須猛醒：病毒原本就存在於大自然中，當人類過度濫用、破壞生態棲地，它們就會被釋放出來尋找新的宿主，疫情就會爆發，我們唯有轉換自身的信念，從地球的掠奪者、支配者之角色，轉換為守護者、共享者的態度，即刻重建並復育地球生態系統之平衡，善待動植物昆蟲和一切生命，如此讓萬物適得其所，疫情才會得到真正的控制。在這本書中，我們可以讀到自古以來，人與自然共生的佐證，在大自然中沒有任何東西是浪費，一切都是循環再生且相互效力，鑑古知今、亡羊補牢，疫情告訴我們，人類需要盡快復育生態平衡，縮小自己、放大自然，在一切或許還來得及的時候。

——劉德輔，里山共學塾塾長／台中花博四口之家永續家園策展人

讓一片青草地長出四片青草地的智慧

農業是什麼？是一個古老而傳統的產業？是辛苦悲情的勞動？是年輕人想逃離掙脫的負擔？是壯年人心心念念的鄉愁？是科技產業對角線黯淡的另一端？

人類的農業進入工業化生產模式至今不到一百年，但卻迅速的耗盡地利，也牽動了生態環境的改變。《四千年農夫》是西方稚嫩沃土上的農業驚醒，作者金恩博士是一位訓練有素的觀察家，角度不再是用北美挾豐富農業資源對全世界的指導，而是細膩的研究出已有數千年農業文化的亞洲古老大地上，人類生活與農業勞動間融洽的節奏，以及無須懷疑的數千年的證明：肥水滋潤了豐盈。

農業確實是土地與人、生命的大循環，特別是亞洲農業國家擁擠與密集的生活方式，究竟是如何讓一片青草地長出四片青草地？且讓這些農業家族世世代代得以溫飽、榮耀傳承。這是東西方之間重要的理解與交流。

農業是生活，是生命的供給，是土地的照護，是物種的共榮共好，是環境永續的賽局。在我的心目中，農業是將人類從遠古時代帶到現在的唯一文明，也是要將人類帶往未來的大智慧。

——程昀儀，掌生穀粒創辦人

在千年的農耕土壤裡找到了「永續農業」

百年前，東亞小農經濟的耕作思維，對比當時美國那幅員廣闊的現代化農企業浪潮下，總顯得迂腐。此書，與其說是本百年前一位美國博士來東亞的遊記，倒不如說，這本《四千年農夫》正在為「永續農業」於東亞千年的農耕土壤裡，找到了種種例證，因為時間，就是面鏡子；歷史，就是條長河，把過去被揚棄的，重新於現今拾回。

——童儀展，食力 foodNEXT 創辦人暨總編輯

農業史上既有啟發性又引人入勝的經典著作

《四千年農夫》是一本偉大的書，他開啟了農業近百年來的寧靜革命，也開啟了農業永續的議題，激發有機農業（organic agriculture）、生物動力農法（Biodynamic agriculture）與樸門（Permaculture）等農業運動逐漸興起。

本書的作者富蘭克林・希拉姆・金恩是美國著名土壤學家，他是第一位將「農業」與「永恆」這兩個英文字彙結合使用的學者。在本書中，他以遊記方式深入描繪其九個月的東方見聞，書中敘述了他對現在被稱為有機農業或可持續農業（sustainable agriculture）的調查，

透過作者記述，使讀者了解二十世紀初中國的農村生活、農業貿易與地誌風采。他發現農民合理且明智的施肥行為、大量使用堆肥與綠肥、梯田灌溉、以及豆類與其他作物輪作等農法，是中國的農業得以傳承四千多年，更被認為是可長久不衰的永恆農法。

不論是在日本明石觀察梨樹的整枝、修剪、矮化與套袋，稻米、蠶桑以及茶葉的生產，長崎市集中發現來自台灣的竹子，對東方茹素飲食文化的描述，或是精準以數據分析回收農業廢棄物與善用排泄物的經濟效益，作者皆以淺顯易懂的文句或科學性的統計資料，將專業知識傳遞給讀者。

在當時西方農業瘋狂追求「透過化學創造更好的生活」時，作者便對美國農民大量機械化與依賴礦石肥料感到憂心不已。四千年來，亞洲農民運用它們的智慧、巧思與體力，讓有機物返還到土壤中，讓這塊土地不僅得以供養龐大人口，並可永恆維持土壤肥沃度。

《四千年農夫》這本書共計十七章超過二百幅珍貴照片與插圖，是位睿智且有遠見的學者留下的遺產，也是關於有機農業的經典著作，我發現這本書既有啟發性又引人入勝，中譯本的問世，讓國人可以看到這本農業史上的重要書籍，也是現代農民的極佳參考資料，「任何農業或社會科學專業的學生都不能錯過」。

——劉程煒，明道大學精緻農業學系副教授／明道農場執行長

序文

我們過去未曾統整人類在土地上的農耕經驗；然而，農耕是文明的基礎。假如我們想結合所有力量與努力來征服這顆星球，就必須確實了解各地人們如何解決從土壤生產糧食時所遇到的問題。

我們很少出現偉大的農業旅行家，也少有書籍描寫農村地區真實又顯著的自然條件。關於自然歷史旅遊的書籍倒是很多，而著重於景點與活動的著作更是多如牛毛。當然，還是有許多探討農村研究與旅遊的名著，例如亞瑟．楊（Arthur Young）的《法國之旅》就觸及了社會與政治歷史題材，但整體而言仍然少有作者探討農業旅遊。如今，必須在此領域中投入科學探究的精神，並且將征服土地的各種作法相互比較，以提供農產人士研究結果。

這是我在閱讀金恩教授手稿時的觀點。**這本著作出自一位訓練有素的觀察家，目的不在於消遣或描繪景色與奇觀，而是研究農民真實的生活情況**。身在北美洲的我們總認為能夠在農業上指導全世界，因為我們的農業財富甚鉅，對於貧困民族的出口量也相當龐大，但這份巨大財富的原因，在於我們有肥沃又稚嫩的土壤，而且人均土地面積廣大。我們在良好的農業上才剛跨出第一步。農耕的首要條件是維持土壤肥沃，東方民族早就碰上這項問題，也已然找到解決方法，有些方法我們也許永遠用不上，但他們的經驗卻能使我們獲益良多。近來隨著個人需求日漸增加，新興國家的人口或許永遠不會如日本與中國那般稠密，儘管如此，我們還是能學會保存自然資源的第一課，也就是保存土地的資源，這正是金恩教授從東方帶回家鄉的訊息。

這本探討農業的著作應該有助於建立**東西方之間的相互理解**。若能如金恩教授所建議，**讓農業題材有如體育、外交與商業活動那般禮尚往來的交流，雙方人民都將受益於此，對於敦睦之誼也將帶來無可估量的成效**。

金恩教授最後未能完成本書末章〈中國與日本給全世界的訊息〉，著實令人惋惜。本章可說是教授對東方環境研究既審慎又有說服力的總結。就在本書即將付梓之際，他驟然蒙神寵召，留下這趟未竟的旅程。但是，他遺留給我們這份嶄新的文獻，使他在關於土壤以及將物理學與機械設備付諸農業應用的著作之外再添一筆。在他所到之處，無不光彩奪目。

利伯蒂・海德・貝利（L. H. BAILEY）博士

目錄 Contents

前言

在此需要先提供簡單的介紹，使讀者能透過最適當的觀點認識書中所描寫關於中國、韓國與日本的農業活動與習俗。必須銘記在心的是，現代用來描繪與判斷西方國家農業與其他工業運作的重要因素，對一百年前的他們、甚至其他民族而言都不適用。

美國到目前為止仍然是少數人口散落在遼闊幅員上的國家，無論男女老幼，每人平均享有超過二十英畝（一英畝約等於四十點五公畝）的土地，而我們即將探討的民族，縱然是在已有超過四千年農耕歷史的田野上勞苦耕作，個人平均土地面積卻很少超過二英畝[1]，其中有一半以上是無法耕種的山地。

再者，將飼料與礦物肥料運送至歐洲與美國東部的貨運活動，至今尚不滿一百年歷史，而這從來就不是中國、韓國或日本用來維持土壤肥沃的手段，對於歐洲或美國而言更不是長久之計。這些活動，使我們暫時經得起透過當代下水道處理系統與其他失當作法所造成植物性食物原料的浪費，但東亞民族將來自都市與農村地區以及我們所忽視的許多廢料善加留存，並且在田野間的農業活動中加以運用。

我們即將探討的農耕作法來自多達五億人口的強大民族，他們完整傳承貫穿四千年歷史的氣勢，具有強大的道德與知識涵養，同時擅長機械；他們如今正在甦醒，善用科學發明，在近年來更為西方民族帶來所有的可能性；這些人長久以來愛好和平，但在迫不得已時，也有能力且必然會為了捍衛自我而戰。

我們長期以來都想跟中國、日本這些世界上歷史最悠久的農民

1　由於對土地總面積與種植地面積上的誤解，此數據於原書初版中誤植為一英畝。

面對面，想走過他們的農田，透過見證他們歷經數百年來的壓力與經驗，進而採用的方法、用具與農耕活動來學習。我們期望了解他們的土壤，怎麼可能在二、三千年、甚至四千年後，仍然能在這三個人口如此稠密國家維持足以供應生活的生產力。我們現在終於獲得良機，並且幾乎每天都能學習這些國家數百年來保存與運用天然資源的方法與範疇；我們對於他們從田地所獲得的巨大產量感到吃驚，也訝異於他們雖然提供充足的人力，卻樂於接受每天僅約五美分外加供餐，或是十五美分不含供餐的工資作為報酬。

一九〇七年，日本三大主島的人口為四千六百九十七萬七千零三人，可耕地約為五萬一千八百平方公里，換算下來每三人可享有一英畝地，也就是每平方公里約有九百零七人；然而日本在一九〇七年的每人平均農產進口總額只超過農產出口總額不到一美元。假如荷蘭的耕地面積經估算約為總面積的三分之一，依此為基礎，其一九〇五年人口密度不到日本三大主島的三分之一。同時，日本在每平方公里耕地上養殖了二十七匹馬與二十二頭牛，並且幾乎全都是農用牲畜，而在一九〇〇年的美國，相同面積平均只養殖不超過十二匹馬或騾子作為農業生產用途。

令人詫異的高度供養效率

日本豢養一千六百五十萬隻家禽作為粗糧轉換用途，每平方公里多達三百一十九隻，但大約每三人才占有一隻。美國在一九〇〇年共豢養二億五千零六十萬隻家禽，但每平方公里只有一百五十隻，而每個人卻能分到超過三隻。日本的粗糧轉換動物包括豬、山羊與綿羊，每平方公里約有五隻，但每一百八十人才能分到其中一單位的牲畜；而在一九〇〇年的美國，經過改良的農場每平方公里共養了三十七頭牛、三十八頭綿羊與二十八頭豬，都是用來將青草與粗穀類轉化為肉品與乳品的糧食轉換牲畜。在此番估算中，可以將每頭牛視為等同於五頭綿羊與豬隻，因為乳牛的轉化效率極高。以此為基礎，若換算為日本牲畜單位，美國在每平方公里土地上的豢養數超過二百四十九單位，不分性別年紀，平均每人可以分到五單位的牲畜，與每一百八十人才分到一單位的日本相差甚鉅。

在中國並無法取得如此精確的數據，但我們在山東省曾與一位十二口之家的農民聊過，他養了一隻驢子與一頭母牛，兩者都是專用於勞動的動物，另外還有兩頭豬，飼養在二點五英畝的耕地上，同時也在此種植小麥、小米、番薯與豆子。如此群體密度等同於每平方公里上擠了一千一百八十六個人、九十八隻驢子、九十八頭牛與一百九十七頭豬。另一個例子則是在一又三分之二英畝的土地上，這位十口之家的農民共養了一隻驢子與一頭豬，這塊農地的密度等同每平方公里上養了一千四百八十三個人、一百四十八隻驢子與一百四十八頭豬，或者等於在我們四十英畝的農地上住著二百四十個人、二十四隻驢子與二十四頭豬，然而對我們的農民而言，這塊土地就連只住一個家庭都還嫌太小。我們共拜訪了七戶中國農家，所取得的資料平均而言相差不遠，每平方公里農地的供養能力高達六百八十八個人、八十二頭牛或驢子，還有一百五十四頭豬，也就是七百七十單位的消費者與一百五十四單位的粗糧轉換動物。這些資料完全表現出中國農村地區的人口密度。美國在一九〇〇年的農村人口密度，在每平方公里經過改良的農地上可居住二十四人，並且豢養十二頭馬匹與騾子。日本在一九〇七年的農村人口密度為每平方公里七百四十二人，外加四十八頭馬匹與牛隻。

根據一九〇二年的官方普查紀錄，位於長江口的崇明島這座大島，在六百九十九點三平方公里的土地上，人口密度高達三千七百人，然而島上只有一座較大的城市，島民大多屬於農村人口。

假如能夠提供全面且準確的說明，來解釋中國、韓國與日本的農作物能夠撐起如此稠密人口的條件，在任何國家眼中，必然是最富有產業、教育與社會價值的標的。許多工法、階段與手段在經過演進淘汰後已經成為過去式，但在數百年前就獲得如此卓越的供養效率，並且在沒有顯著衰退的情況下一路發展至今，著實值得我們深刻探究。

生活在從獨立生存進入全球性國際化生活的轉變初期，當我們在產業、教育與社會層面必然需要徹底重新適應時，展開探索的時機愈早自然愈好。世界各國應該立刻對彼此展開研究，並且透過雙邊協議與共同合作，彼此共享研究成果，使其成為在相互協調並創造雙贏的要素，藉以推動世界進步。

有個恰當又極有助益的方法能解決此問題，那便是由各國高等教育機構挑選最優秀的學生，使東西方成員能在充分的領導下，透過國際協議共同研究特定問題，而非只透過棒球隊來進行禮儀交流。若能經過周全的設想與指引，由最優秀的年輕人來發起這項運動，便能將許多重要知識善加推廣，大幅促進全世界的和平與進步。

假如能如上述建議般組織國際性的合作計畫，必須的生活花費將可從海軍擴充計畫的大筆預算挪用；為了全世界的利益與和平，採取如此作為必然比添購戰爭裝備更有效益，也更加實惠。藉此將能培養團結合作與公平交易的精神，也能避免彼此的疏遠，不須再苦苦追求不友善的優勢。

在許多因素與條件結合之下，使遠東地區的農田與農民獲得了極高的供養效率，其中有些因素淺顯易見。中國、韓國與日本發展出稠密人口維生的地區，都占據了對提升農產量極為有利的地理位置。中國南方的廣州與古巴的哈瓦納位在相同緯度，中國東北的奉天（今瀋陽）與日本的本州北部，則與紐約市、芝加哥與加州北部的緯度相仿。美國主要位於北緯五十度至三十度之間，而這三個國家位在北緯四十度至二十度之間，更往南邊將近一千一百二十七公里遠。

位置的差異使這三國的農耕季節較長，因此發展出每年能在同一塊土地上種植兩種、三種，甚至四種作物的農耕系統。中國南部、台灣以及日本某些地區種植二期水稻；在浙江省可能會種植一期油菜、小麥、大麥、蠶豆或三葉草，之後在仲夏種植棉花或水稻。山東省在冬季與春季種植小麥或大麥，到了夏季則改種小米、番薯、黃豆或花生。天津位在北緯三十九度，與辛辛那提、印第安納波利斯，以及伊利諾伊州的史普林菲爾德緯度相仿，我們曾與一位農民談過，他在一小塊農地上輪作小麥、洋蔥與高麗菜，我們從這三種作物得知其每英畝農地利潤為一百六十三美元；另一位農民則是在初春時種植愛爾蘭馬鈴薯，而且在馬鈴薯很小時便出售，接著依序輪作蘿蔔與高麗菜，這些作物的利潤為每英畝二百零三美元（山東省並非每年皆有二期農作，有時會在二年內種植三期農作。一般農作循環：春季種植小麥、十月種植豆類，隨後種植小米，並於隔年九月收成）。

提供將近五億人口農作物維生的農地面積，比經過改良的美國農地面積還小。畫一個方形，從芝加哥往南延伸至墨西哥灣，再向西穿過堪薩斯州，所圍成的面積就已經超越中國、韓國與日本的可耕農地，但這些農地所餵飽的人口卻是我們現有人口的五倍之多。

這三國的降雨量不僅超過美國鄰近大西洋與墨西哥灣各州，而且降雨大幅集中在農作物產量最高的夏季。中國南部的年降雨量大約是二千零三十二公釐，冬季只有少量的降雨，而美國南部各州的年降雨量則接近一千五百二十四公釐，但只有不到一半的雨量落在六到九月時段間。

從蘇必略湖畫一直線穿越德州中部，此地區的年降雨量約為七百六十二公釐，但只有四百零六點四公釐的降雨量落在五至九月之間；而在中國山東省，年降雨量稍微多過六百零九點六公釐，其中有四百三十一點八公釐降雨量落在特定月份，大多集中在七、八月。透過最佳的耕作方式，並且在沒有水分經過滲透而流失的情況下，我們大多數的農作物若要產出一點零二公噸的成熟乾物料，需要三百零六至六百一十二公噸的水分，不難理解，在正確的時間提供充足的可用水分，對任何土壤而言必然是提高供養能力的主要因素之一，因此在遠東地區透過集約耕種法，可使他們的土壤產生較大的收穫量。

這三個國家選擇稻米與小米作為主食作物，他們經過演變而來並且實現最大產量的農業系統，在我們眼中確實卓越非凡，也代表他們掌握了值得西方國家停下腳步反思的必要原則。

儘管這些國家的降雨量大又有利農作，各國人民還是選擇了特定的作物，使他們不只能實際運用落在田地上的整體降雨，更能善用從附近不宜耕種的鄉野山地所奔流而來的大量水分。只要有稻田的地方，隨時都種著水稻。在日本三大主島上，百分之五十六的可耕地，約一萬一千平方英畝的面積，都是用來種植稻米，而且從秧苗移植到接近收成期間都泡在水中，而在季節合宜之處，收成後便會讓土地得以乾燥，好接著在一年中的平衡期間種植乾燥的陸上作物。

美國人丟棄的，東方農民愛若珍寶

對於研究遠東地區農業方法的任何人而言，都能證實這些人在數百年前便已了解水對於作物產量的價值何在，這點是其他國家未曾辦到的。他們在作物與環境條件間不斷協調至一定的程度，以至於生產出水稻這種穀類植物，既能接受最大的施肥強度，同時又確保無論在乾旱或洪水時都能達到最大產量。以處於潮濕氣候的西方國家經驗來說，無論我們施肥的程度多完整、濃度多高，不出幾年後，必然會因為水分的缺乏或過量而導致產量減少。

僅透過文字或地圖，很難充分表達渠道系統在催生水稻文化上的重要性。根據保守估計，中國的渠道總長約達三十二點二萬公里，而且中國、韓國與日本的渠道總長可能超過美國的鐵路總長。光是中國每年種植的水稻面積，就等同於美國的小麥種植面積，而水稻年產量更高達美國小麥產量的兩倍、甚至三倍之多，然而水稻農地每年至少還產出一到兩種其他作物。

選擇快熟、抗旱的小米作為絕佳的主食作物，以便在無法灌溉的地區種植，加上小米幾乎能種植在山坡地或條播溝畦中，並且利用土壤護根層來保持土中水分，使這些農民幾世紀來在旱季或少雨地區仍然能確保最大收穫。小米能在炎熱的夏季氣候中生長，即便土中濕度降至最低限度仍然得以存活，並且在大雨來臨時更加蓬勃茁壯。因此我們發現，在比起美國而言，降雨量更大、雨區分布較為理想、溫暖的季節也更長的遠東地區，這些人利用罕見的智慧，將灌溉與旱作方法結合運用至美國人所難以想像的程度，藉以維持如此稠密的人口。

儘管這些國家的土壤特別深、本質上更加肥沃又生生不息，但仍然隨處可見農民從事明智、合理的施肥行為；直到最近這些年為止，也只有在日本使用商業化的礦物肥料。然而這幾百年來，運河、溪流與海洋都被用來提升可耕農地的肥沃度，而且總體效果極佳。在中國、韓國與日本，所有難以涉足的廣大山坡地都被迫用以提供燃料、木材，以及用於綠肥或堆肥材料的牧草；連家中所使用所有燃料與木材的灰燼，最終也成為田地上的肥料。

中國有大量的運河淤泥可用於田地，有時每英畝可高達七十一點四公噸以上。所以在未曾開鑿渠道的地區，會將土壤與下層土運至村莊中，並付出大量勞力，將其與有機廢料混作堆肥，再經過乾燥與粉碎，最後運至農田作為自製肥料使用。

各種來自人類與動物的糞肥，都經過悉心收集並施用於田地之中，此方法的成效遠超過美國人的作法。根據取自日本農業局的數據顯示，全國在一九〇八年的人類排泄物為二千四百四十二萬九千三百點九公噸，也就是每英畝的耕地可以分到一點八公噸。在一九〇八年，上海市公共租界售予一位中國承包商，可以在當年度每天早晨進入住宅區與公共場所清除積糞的特權，總共清除七萬九千五百六十公噸的排泄物，換得超過三萬一千美元的價格。相對的，我們把排泄物丟棄，反而花費了更大量的錢！

日本每年會定期製作肥料為土地施肥，肥料產量相當於每英畝耕地超過四點五九公噸，其中不包括商業肥料。我們在六月十八日行經山海關與東北的奉天之間，有數千公噸高度硝化的乾燥堆肥剛運送到農田裡堆放，正等著「滋養作物」。

直到一八八八年，並歷經超過三十年囊括全歐洲最優秀科學家的長期奮戰後，終於根據結果證實，豆類植物作為有低層生物生活在其根部的宿主，對於維持土中氮素扮演著重大角色，能夠直接從空氣中提取氮，並且在腐爛過程中使其回歸空氣。然而，數百年來的實踐早已使遠東農民了解，栽種並利用這些作物對於維持土壤肥沃而言相當重要，因此我們所探討的三個國家普遍將豆類加入其他作物的輪作之中，藉此使土壤肥沃，是相當悠久又傳統的作法。

在水稻收割前後，通常會在田裡播下「三葉草」（紫雲英）生長到下一次插秧期，再將它們直接翻土，或以更普遍的作法，沿著渠道邊堆疊，並鋪上從渠底挖起的爛泥，等發酵二十至三十天後再鋪進田裡。也就是說，我們原本視為無知的古老農民們，其實長久以來一直將豆類加入作物的輪作之中，藉以帶來不可或缺的農業效益。

時間是所有生命過程中的函數，為我們帶來各種物理、化學與心理反應。農夫就像是工業中的生物學家，必須不斷調整他的運作方式，以符合各種作物生長的時間條件。東方的農民最善於利用時間，從第一分鐘到最後一分鐘都不浪費。

在外國人眼中總是不疾不徐的中國人，從不憂慮，也不匆忙。這點確實沒錯，而他們總是放眼未來並把握時間，其實是有原因的。他們早已體認到，要將有機物料轉變成能夠用於種植食物的型態，需要時間的淬煉，而雖然他們是世界上最大的有機肥料使用者，但在將有機物料施放於田地之前，必須先經過土壤或底土的初步分解。儘管這會消耗掉人們大量的時間與勞力，卻能夠延長他們的農耕季節，並得以採用原本無法辦到的多作物農法。藉由在山坡地溝播種定植並實行中耕（指鬆動土地的表層土壤），常常能看見一塊農地上同時有三種作物生長，只是處於不同的成熟階段——其中一種快要收成，另一種剛長出土面，第三種則正在抽高。以此作法，搭配著大量施肥，並在需要時補充灌溉，便能使土壤在整個生長季中充分發揮作用。

此外，儘管每年種植水稻的土地英畝數極大，但起初都是先種植在山坡地，爾後再進行移植。藉此，農民可以節省各種資源，唯一例外的就是人力，但這也是農民最充沛的資源。藉由徹底備妥苗床、大量施肥並投以悉心關照，農民就能在三十到五十天內，在一英畝農地上種出足以覆蓋十英畝農田的種苗，而其餘九英畝的其他作物也在此期間成熟。在這些作物收成後，便要使田地準備好接收已經可以移植的水稻。因此，這段休耕期也要算進水稻的生長季之中。

絲綢文化是偉大的文化，而且在某種程度上也是東方最卓越的產業之一。為何卓越？因為它誕生於西元前二七〇〇年最古老的中國；因為絲綢產自於森林中經過馴化的野生昆蟲；也因為絲綢產業已經存在超過四千年，蓬勃發展至今，每年都有數百萬美元產品的貨櫃佈滿美國西岸，再經由快遞運送至東岸，以供應聖誕節的商品需求。

中國的生絲年產量保守估計為五千四百萬公斤，再加上日本、韓國，以及東北南方少數地區的輸出量，年產量應該超越六千七百五十萬公斤，亦即約七億美元產值，大約與美國的小麥作物產值相等，但產地面積僅占美國小麥產地的八分之一。

中國與日本的茶業是另一項偉大產業，在促進人民福祉中所扮演的角色即便並未超越養蠶業，也稱得上旗鼓相當。因為製茶業就建立在需要以開水沖泡後飲用的基礎上，而這些國家普遍習慣飲用開水，就個人而言是相當實用且能有效對抗各種致命病菌的方法，畢竟在當時任何人口稠密的國家，還是無法有效消除天然飲用水中的病菌。

由至今為止最完善的衛生措施成功率經驗判斷，並將人口不斷成長所造成的困難性納入考量，現代衛生手段的效果終將以失敗收場，唯有等同於將飲用水煮沸的效果才能確保安全無虞，而東亞民族長久以來早已有此習慣。

一九〇七年，日本有十二萬四千四百八十二英畝的土地用於種植茶樹，產出二千七百三十九萬一千五百公斤的乾燥茶葉。中國的年產量大幅超過日本，每年從四川省運出的茶業就高達一千八百萬公斤。在一九〇五年，共出口七千九百二十一萬二千二百六十四點八公斤的茶葉，一九〇六年更高達八千一百一十二萬一千九百五十公斤，所以茶葉的年出口量必定超過九千萬公斤，總年產量更超過兩倍。

但在所有因素之外，或許比起其他因素加起來更使這些國家得以維持高產能的關鍵，在於產業階級為了趕上生活水平而必須自我調整，再加上他們在付諸努力與生活上所實踐出的最嚴苛經濟發展。

幾乎每一寸土地都用來提供食物、燃料或布料所需的原料。所有可食用的植物都被當成人類或豢養牲畜的食物，任何無法食用或作為穿著的都用來製造燃料。身體、燃料與布料的廢棄物則回歸農田；在經過處理之前，廢棄物會儲存在一起以避免天氣的耗損，每過一個月、三個月或甚至六個月，便透過聰明的方法將廢棄物結合並耐心加工，使其成為對土壤最有利或是最滋養作物的肥料型態。倘若多付出一個小時或一天的勞動時間，能夠換來即使只多一分的回報，便在所不惜，如此觀念對這些勞動人口而言有如金科玉律，沒有任何事物足以動搖農民遵循這項義務或拖延他們的腳步。

第一章

初見日本

我們從西雅圖離開美國，沿著北方航道前往中國上海，在二月二日到達橫濱，接著在三月一日抵達上海。我們這趟旅途的目標是聚焦於農田與作物問題，並透過翻譯人員或其他方式跟農民、園丁與果農面對面談話。在許多個案中，我們曾煞費苦心地在一季中的不同休耕期反覆造訪相同田地或區域兩三次，就為了觀察同一種栽種或施肥方法的不同階段，如何隨著季節更迭而有所改變。

在二月十九日早晨，我們首次近距離觀察日本。圓頂的高山不像我們十六天前才離開的華盛頓與溫哥華那樣，籠罩在蓊鬱的綠色森林

圖 1：日本人在雨天的服裝，韓國與中國在雨天也有類似裝扮。圖中為日本稻田中的農民，手中拿著常見農具。

之中，也不像在六月時分的愛爾蘭山丘那般翠綠。這裡的高山缺少高聳參天的樹林，甚至連灌木與茂密的牧草都沒有，只覆蓋著厚厚的土壤，這是第一個令我們大感意外之處。

繞過最南端再北轉進入深灣後，相似的情景再次浮現眼前，早上十點鐘，我們離開沛里准將（Commodore Perry）在一八五三年七月八日下錨的浦賀港，當年船上載著菲爾墨爾（Fillmore）總統要交給幕府將軍的信，從而打開日本與全世界通商的大門。當土佐丸號沿著橫濱碼頭航行時，正下著傾盆大雨，一支服裝如圖1所示，酷似魯賓遜·克魯梭（《魯賓遜漂流記》主角）的隊伍等著將我們帶往海關，費用大概一美分到五美分不等。

透過土佐丸號哈里森（Harrison）船長的熱心協助，以無線電找到一位口譯員來到輪船上，我們才得以善用停留在橫濱的停泊期，再一路延伸至東京這二十九公里長的平原上，造訪廣布四處的農田與蔬果園。在這片肥沃且農耕發達的地區，有軌電車與鐵路交織摻雜，每條軌道上都行駛著許多列車，而且停站次數頻繁，所以幾乎都能快速且輕鬆地前往每個地點。

如劃破澄空雷霆的異國世界

我們離開家鄉時，天空下著摻雜驟雨的暴風雪，美國廣大地區的電報與電話線因而中斷；我們在漫長旅途中未曾預料會看見溫暖的土地與翠綠的田野，因此我們目睹黃包車伕打著赤腳、光著大小腿時都感到驚奇，更讓令人訝異的是，當我們即將脫離城市的邊界前，發現我們的有軌電車居然在種滿小麥、大麥、洋蔥、胡蘿蔔、高麗菜與各種蔬菜的農田之間穿梭。我們馳騁在東方大地，車外的一切相較於故鄉景色是如此奇特又迥異，好似劃破澄空的雷霆那般震撼。

車廂內除了我與另一人外，其他人都抽著菸草，還有一位則使用類似雪茄菸斗的象牙菸嘴吸著樟腦。街道因為下雨變得泥濘，每個日本人都穿著雨天專用的木鞋，鞋底裝著兩個離地八到十公分高的十字木塊。一位背著嬰兒的母親與十六歲大的女兒一同走進車廂。雖然母親的鞋底很高，一隻腳趾頭還是沾上了泥巴。坐下後，她脫下木屐。那位有著美麗黑色眼珠、光澤秀髮、臉頰紅潤的紅唇少女，自動從衣袖的大口袋中抽出一張白色面紙，熟練地擦去母親白襪上的汙漬，並且把木屐也擦乾淨，接著將面紙丟在地上，看看自己的手指以確定沒沾到泥土，再把木屐穿回母親腳上，顯得輕鬆又毫不費力。

這裡的一切都截然不同，景色的迅速變化堪比最狂野的幻夢。說到為建立橋墩而打樁這件事，將木樁搭成的三角架立在底樁上，上頭掛著一組滑輪，一條繩索從承重物上穿過滑輪，另一端在滑輪上延伸出十條繩子垂向地面。在三角架底部站著十位矯捷的日本婦女圍成一圈，發揮起重機的作用。她們有如吟唱著完美的節奏那般，一邊拖繩一邊踏著腳步，不斷將承重物放開又再次拉起，以每分鐘多次的撞擊充當應該由較高處落下、也更為沉重的槌擊效果。

之後，當我們抵達上海時，則看見從上方運作的打樁機，有十四位中國男性站在架高的台階上，每人手裡拉著一條直接連結下方承重物的繩索。他們像經過協調般哼唱著排解單調工作的旋律，所有人的節奏一致。這台人力起重機的成本多高？每人每天十三美分，連燃料跟潤滑油都包了，還全自動添加。另外有兩個人調配木樁，還有兩個人引導槌子，共十八個人撐起整套設備。每天共二塊三十四分美金，包含了燃料費、監工費與維修費，可說在機械設備上根本沒投入什麼錢。人力資源相當豐富，而燃料就是米飯，但飯裡不加鹽又煮得像鍋巴，加上一點豬肉或魚肉，再配點鹹高麗菜或醃蕪菁開胃，或許還有兩三種小菜。這些人很健壯，而且正穩定累積自身的財富，從旁可以看見他們在工作時臉上常帶著微笑，表情看似感到滿意與知足。

這讓我想起在從橫濱前往東京的路途上，早晨經常看見的景象便是男性與牲畜挑著糞便，但最常見的還是男人拉著堅固的推車，推車上頭載著六到十個密封好的木桶，裡頭裝著十八到二十七公斤的糞便。說來也奇怪，以往至今，即便是日本、中國或韓國最大、最悠久的城市，都不曾出現類似西方國家現在所使用的汙水排放水力系統。雖然存在排除暴雨洪水的預防設施，但當我向翻譯員問起城裡是否有在冬季將糞便排進大海的排汙手段時，他斬釘截鐵地回答：「沒有，這樣太浪費了。我們不會把糞便丟掉，那可值很多錢。」在車站等公共場合，會有用於儲存物資而非浪費物資的廁所設備，甚至在鄉間的道路旁還有遮板可以讓旅客停下來方便，但主要目的並非提供個人便利，而是為了造福地主。

提高生產力的支架智慧

在橫濱與東京之間，沿著離海岸不遠的電車路線，每年二月都能看見許多以稻草編成、有如籬笆一般高度的的長型板架，互相綁在一起並以竹竿支撐，佇立在地面上的木頭支柱上。板架朝東西向延伸，

圖 2：曝曬食用海菜的方法。淺色大方塊中央較小的黑色方塊便是海菜，用針將鋪成方形的海菜釘在長板上，有六排長板平行擺放。

圖 3：淺海地區底部插著樹枝，讓可食用海菜攀附於其上生長。

並且大角度地朝北傾斜，彼此平行擺放，數量大約有五到十排或甚至更多，用來曬乾各種鮮美的海菜，就像圖 2 所示一字排開。

先在三十乘二十五公分的稻草墊上將海菜分別鋪成十八乘二十公分的薄層。稻草墊是以木製長針插設在檔板上，使海菜能夠直接曝曬陽光。曬乾後的方形海菜片疊成二點五公分厚，對半切成十乘十八公分大小，包裝後整齊地綁好便可以販售，海菜很適合熬湯或用於其他料理。

為了從海裡取得海菜，將小片的灌木與樹枝架在淺水底部（圖 3），海菜就能附著在上面生長，等到成熟後再手工採收。

圖 4：俯瞰寬敞的梨園，梨樹枝固定於水平方向，形成樹葉能全然遮蔽地面的棚架，也方便從下方輕易摘取果實。

藉此，便能種植出大量的食材，以供應原本毫無生產力的地區居民所需。

在二月所拍攝的照片最能表現另一項農村特色，那就是日本農民會調整梨園果樹的生長方向。他們把樹枝彎下、平綁在約頭頂高度的格子棚架上，便可以隨時走在棚架下方，輕鬆站在地面上徒手摘下水果。梨園因此充滿大大小小的棚架，果樹排列成梅花狀，行列彼此間隔約三百六十公分寬。農民也會把一些竹竿綁在直徑約四至五公分粗的竹竿上，同樣架在頭頂高度（圖 4）。

梨樹枝全都朝下緊緊綁在同一個平面上，把多餘的樹枝修掉，底

圖 5：日本明石實驗站的梨樹。梨子都套上保護用的紙袋，枝葉經過小野教授（左）與時任教授的指導修剪成特別的形狀，因此垂得比格子棚還低。

下的地面完全遮蔽在陰影下，而每顆梨子都可以隨手摘取。每當要幫梨子套袋以預防蟲害時，低矮的梨子就很方便作業（圖 5 及圖 6）。梨園的地面沒有雜草，而且時常覆蓋著一層稻草或其他植物的草桿，草桿在日本常常作為各種農作物的植被。

擁擠密集的民族生活

相對於家鄉農場的廣闊，同時也有大片墓地與美麗公園的異國

圖 6：日本明石實驗站，梨園裡的梨樹矮枝，上頭結著套上紙袋的梨子。

旅人來說，在這些悠久國家旅行的頭幾天，過分擁擠的強烈對比成了令人深刻的景象。城市裡擠滿住宅與商店，裡頭也塞滿人群與物品；鄉村裡的農田遍布，田裡也種滿了作物；日本同時也擁有最擁擠的墓地，墓碑幾乎都快碰在一起了；另外在鄉村的住家旁，菜園與稻田彼此緊鄰，甚至連留下田間小路的空間都沒有。

除了近期受到外國影響的街道以外，村莊與城裡的街道都很狹窄，就像在圖 7 裡看到的，雖然圖中街道看似狹窄，卻已經比多數街道都還寬敞了。這是箱根地區的村莊，旁邊就是與箱根同名的美麗湖畔，皇室避暑山莊也位於此地，就在圖片中央、湖泊對面的山丘上。此地的屋頂都是用整齊的稻草搭起，在鄉村中常用來代替磚瓦。

在中國經過渠道化的地區，鄉下村落常群聚在河岸邊，如圖 8 所示，這裡的街道也很狹窄、擁擠又繁忙。石階從住家直接搭到河裡頭，方便居民洗衣、洗菜、洗米，還有其他不易清洗的雜物。在這座村莊裡，有兩排住家佇立在河道一側，中間只隔了一條窄巷，河道另一側則只有一排房屋。在相機鏡頭中的兩座橋之間，距離長達約五百多公尺，其中一座橋位在看不清楚的遠方，我們沿著河岸一側算起，狹窄的街上有多達八十間房屋，每間房屋都是一戶人家，而且普遍是三代或四代同堂。所以這條寬四十六點二公尺的狹路上，除去四點八公尺寬的街道與九公尺寬的河道以外，還擠進了三排的房屋、至少二百四十戶人家，總人口數超過一千二百人，可能更接近二千人。

當我們轉向鄉村裡的農地時，眼前所見簡直難以言喻，如同圖 9、圖 10 與圖 11 所示，分別是日本、韓國與中國的景色。中國這張照片取景地離南京不遠，從山坡上將視野跨越田地直達廣闊的長江，地平線上朦朧可見一條亮光。

圖 7：箱根町村落街道。日本許多地區的山坡地普遍缺少較古老的樹林。

圖 8：中國鄉下沿著河道兩旁建起的村落，兩座橋之間的距離長約五百多公尺，沿途的三排房屋住著二百四十戶人家。

日本稻田的平均面積不足一百二十二點五平方公尺，而旱田也只有約四百九十平方公尺。就稻田而言，為了保留在山谷坡地上的水分（圖9），必須維持較小的面積。這一小塊地並不代表一戶農家所耕作的土地大小，日本農家的平均農地將近二點五英畝，但同一戶農家的耕地很少連在一起，通常會散落四處，而且大多都是租賃地。

農民一般都住在村莊裡，往往要長途跋涉才能抵達農地。日本政府考量到小塊農地四散所造成的不便，曾經頒布農地調整法規，並且從一九〇〇年開始實施，提供土地交換措施，藉以調整地界、改變

圖9：密集的日本稻田，每片田裡都灌滿了水，不久前才插秧。

或廢棄道路、堤岸、田埂或運河，亦變更灌溉與排水規劃，從而擴大土地範圍，並確保河道與道路能夠拉直，也節省時間、勞力與土地的浪費。到一九〇七年為止，日本核發的調整許可面積超過二十四萬英畝，圖 12 是其中一塊經過調整的土地。為了尋求專業人士規劃並監

圖 10：韓國的景色，圖中展現的谷地畫分為不規則形狀的農田，田與田之間隔著三十公分寬、三十公分高的田埂。中央的農田種植水稻，右邊的田地剛剛犁好、也灌了水，但還不適合插秧。左邊隆起的田地已經灌滿水，但尚未犁過。

圖 11：中國的稻田風光，靠近前景的田地仍然覆蓋著冬季作物，在收成後就會用來種稻。白色區域已經灌滿水，適合插秧。長江就位在地平線附近。

督土地變更作業，政府在一九〇五年委託隸屬於大日本農業協會（Dai Nippon Agricultural Association）的高級農業學校來培訓農民，並且自一九〇六年起，農學院與攻玉社學園（Kogyokusha）也開始經手相同的培訓計畫，因此得以有充足人力迅速推動工程。

民眾應該也記得，日本政府是如何採取有效的方法來改善基本道路沿線居民的生活，可以分為在各省間相互延伸國道，連接各都道府縣內城市與鄉村的縣道，以及通往農地與村落的小路。**這三大道路系統的維護費用取自特定稅收，其花費皆經過妥善監督，每年指派特定團隊負責不同路段的養護工程，比照鐵路養護辦理**。因此，日本的道路總能維持完美狀態，路距狹小、只占據最少的土地，而且在各地都沒有圍籬。

圖 12：經過重劃的日本農地，稻田之間的分界線已經拉直，農民正使用新的耕耘機來除草。

從圖 13 就能看得出農田裡種滿作物，且所有可用土地都發揮得淋漓盡致，即使是用來留住水分的狹窄田埂都種滿了黃豆，還有一小片梨園坐落在稍稍隆起、比水面高不到三十公分的土地上。

圖 14 中的植物彼此靠得多近，包括一片樹頂有一百八十公分高、前後共六百六十公分長的桃樹園，還種了十排高麗菜、兩排蠶豆與一排四季豆。這六百六十公分的土地上種了十三排蔬菜，全都既繁茂又強健！把最高、最需要陽光的植物安排在樹木之間，可以發現農民極佳的判斷力。

肥水滋潤了豐盈

然而這些悠久的民族已習慣擁擠、密集的生活方式，從很久以前就能讓大自然只為一片青草所留下的土地長出四片青草來，也學會如何使土地面積倍增，提供需要較大成長空間的作物所需。如圖 15 所示，這位農民的菜園面積有十九乘二十公尺大，其中有四十九平方公尺的土地是家族墓地。然而當他提到收益時，這不到十分之一英畝土地上的眾多作物，使他每年能賺到一百美元。占地不足零點零六英畝的小黃瓜可以賣到二十美元。他已經賣出價值五美元的蔬菜，接著在小黃瓜之後將種植第二種作物。他不久前才利用腳踏式抽水機，從旁邊的渠道抽水灌溉菜園，如果沒有下雨的話，他會每週澆水一次。

土佐丸號依照行程，在二月二十一日離開橫濱前往神戶。抵達神戶後，為了縮短到達上海的時間，我們隔天就換乘山口丸號出航。我們只有一個下午的時間前往神戶與大阪之間的農村，而且還發現了

圖 13：完全被作物所覆蓋的田地，產能極高。田埂上種著大豆、田裡種著稻米，隆起的狹窄田埂上則種著梨樹。

圖 14：桃樹園旁邊作物茂密，就像個商業菜園，旁邊種著豆子、高麗菜與蠶豆。

生產力與密集度都更勝東京平原的農法，但這裡的土地更少，冬天也無法種植作物。圖 17 可看到農作物、住家與商店多麼緊密相連。這裡有許多水泥砌起來的儲水槽或加蓋儲水池，用來收集堆肥與製作肥料，這種作法的優點單從土壤與作物外觀就看得出來。

我們經過一片將近一英畝大的花園，種滿了即將盛開的英國紫羅蘭，一排排的花圃沿著東西向並列，行距約九十公分寬。花圃朝北的那端立著一百二十公分高的稻草板，往朝南方傾斜，以大約三十五度角懸在花圃上方，就像搭著帳篷一樣，可以反射陽光、減弱風力，並防止土壤所吸收的溫度逸散。

我們在二月二十四日早上十點從神戶出發，經過平靜的海上之

圖 15：將田地表面的可用空間提升，使土地可種植的植物數量倍增。每座格架相對兩側上的一整排小黃瓜將會爬滿格架表面。

旅，在二月二十五日下午五點三十分抵達門司。隔天早上我們又從門司出發，並且在當天稍晚來到美麗的長崎港，又在船上等了一夜才在早晨搭汽艇上岸。我們預計下午再次出航，由於能夠觀光的時間很短，所以我們立刻跳上人力車，前往陡峭山坡地首次近距離考察日本的梯田。

在來回的路上，我們都經過鋪著狹長厚石塊的街道，在靠近一側或兩側的住家旁開了很深的排水溝，藉此將暴風雨後的廢水排進大海。這裡的街道寬度很少超過三點六公尺，在穿

圖 16：穿著冬裝的年邁中國農民。

圖 17：神戶與大阪之間的住家與商店，周圍遍布著新開闢的農園。

越街道時還必須仔細留意路上人車，時常需要錯身閃避。這裡也一樣，男人們肩上挑起裝著積糞的密封容器，再透過馬車或牛車運走。從圖 18 可以看到，熙來攘往的男男女女都挑著菜籃，有些裝著新鮮高麗菜，有些堆滿清脆的萵苣，有些裡頭是潔白無暇的蘿蔔或蕪菁，有些則塞滿成串的洋蔥，全都是從梯田運下山來到市場販賣。我們也經過幾台推車，上面載著剛砍下來的青色竹竿，根部直徑有七點六公分，大約五十點八公分長。無論男女都會帶著孩童，還有年紀較大的孩童在街上唱歌玩耍。許多年長女性穿梭在人群之中，有些看起來比較虛弱，身上還提著重物，被人群推著走。

我們終於來到山坡地上的一座梯田，海拔比港口高出一百五十到三百公尺，地勢相當陡峭，以至於菜園的寬度甚少超過六至九公尺，往往都更小一些，而梯田前方通常有一到石牆，少數牆面高達三百六十公分，有的超過一百八十公分，但最普遍的大多是一百二十到一百五十公分高。其中一片陡坡就如圖 19 所示。梯田既短又狹小，大部分梯田有三面是由石牆堆起，兩端的牆面沿著坡度傾斜以形成步道，偶爾會有幾塊石階。

每塊梯田都沿著山坡稍微傾斜，前端具有較低的田埂。沿著梯田周圍的邊界會開出一道狹小的田溝或黎溝，用來聚集地面流出的水分並引入排水溝或集水池，作為灌溉農田或調製液肥的用途。在許多較小的梯田，會有個水泥坑位在其中一個角落或某處，用來準備堆肥。沿著陡峭路徑的兩邊，我們看見一堆堆準備施用的糞肥，都是靠男男女女用扁擔一籃一籃挑上山的。

圖 18：挑著蔬菜逐戶叫賣的菜販。

圖 19：日本長崎山坡地上的梯田。

第二章

中國的墓地

汽艇在十一點三十分將乘客送回輪船，船長當時正在艦橋上，「起錨」訊號一聲令下，山口號的汽笛聲霎時在港邊迴盪、在山邊繚繞。

正午十二點，我們離開長崎，這座城市在十六世紀成為葡萄牙商貿中心之前，尚且無足輕重，如今已經是居民多達十五萬三千人的大城，更成為西境大門，鎮守著擁有五千一百萬人口的國家。我們經過位在右方的韓國，進入了第三個國家的門戶，這裡的人口高達四億。我們稍早所造訪的日本，在一百年內增加了八千五百萬人口，但目前無論男女老少，每人平均土地只有二十英畝；我們剛剛錯身而過的韓國，每人平均土地只有一點五英畝；而我們即將進入的中國，每人平均土地也不到二點四英畝。在美國，只花了三代的時間就把原本肥沃的處女地消耗殆盡，而我們面前的這些國家，卻在超過三千年的農耕後仍是沃土一片。

一月三十日，我們跨過流經密蘇里州的密西西比河上游，距離入海口約有六千四百四十公里；三月一日，我們已經身在長江的入海口，這條江水匯集自多達兩億居民的流域。

山口號在晚上抵達吳淞，便下錨等待早晨的漲潮，再往上航向黃浦江，有些地理學家認為這是長江三角洲早期三大支流的中間支流，而南邊的支流在杭州往南一百九十三點二公里處入海，第三條就是目前的支流。

我們的船蜿蜒地駛過這片廣闊的三角洲平原，朝著上海這座對所有民族開放的租界大城前進，第一個令人震驚的特色就是「先人」的「祖墳」。

第一眼望去，平原上點綴著多不勝數的小山丘，山丘上長滿雜草，看似穀類的草桿或稻草堆，像是等待施用在田裡的巨大肥料堆，但當我們沿著河流趨近這些小土丘時，感覺就像行經古代的土堆工人國度一樣。遠眺土丘的景象就如圖 20 上半部所示。

隨著旅途行經原野之間，才發現土丘多有三到三點六尺高，底部寬度甚至可到六公尺以上；因為雜草覆蓋的關係，很容易讓人忽略；土丘的數量繁多，不規則地散落四處，也沒有顯眼的用地告示，當我們得知土丘原來是墳墓時，簡直不敢置信。

然而，在進城之前，我們確實看見有些地方因為河道改變的關係，使河流切過某些土丘之間，進而露出磚砌的墓穴。某些土丘當時位在河面之下，我們猜想這幅景象或許記錄了由於河道不斷淤積，而使三角洲平原相對下陷的過往。

圖 20：中國長江三角洲地區的墓地景象。

墳墓也有生產力

圖 20 下半部可以較近距離地觀察墳墓，墓地不僅占據廣大的珍貴土地，還對農耕作業造成相當大的阻礙。同一張圖的中間部分更清楚看見其他墳墓群，背景有一座農村，右方有一排共六座墳墓位在較低的地基上，這些墳墓的形態比較大也比較高，跟圖片上半部所看見地平線上的建物相似。

我們在中國所到之處，特別在新舊城市接壤地區，墓地占據可耕地的面積比例相當大。在廣州格致書院（Canton Christian College，

圖 21：山羊放牧於上海附近的墓地上；廣州近郊丘陵地上的墓地。

現稱嶺南大學）附近的河南島上，超過百分之五十的土地作為墓地用途，而且許多地方的墓地彼此緊鄰，甚至可以直接跨足不同墓地。墓地多位於地勢較高的乾燥土地上，耕地則位在溝壑或較容易引水、生產力較高之處。丘陵地並不方便種植，尤其是位在城市近郊的土地，

圖 22：上半圖是菜園裡的獨立墓地，有兩座巨大的墳塚；下半圖是磚砌的墳墓群。

大多作為墓地使用。**這些墓地並非完全沒有生產力，因為上頭通常會有幾種牧草恣意生長，可以用於放牧鵝、綿羊、山羊與牛隻**。假如牧草沒有被動物吃掉，通常也會採收下來作為飼料、燃料、綠肥，或是製作肥料，用來使土壤更加肥沃。

圖 22 下半圖是浙江省大運河（Grand Canal）岸邊的墳墓群，將棺材直接放置在地面上，以磚砌墓穴圍起，再以瓦片搭成屋頂；或者也可能獨自位於農園之中，如同上半圖所示，被一座剛放好水的稻田所包圍，幾乎在任何意想不到的地方都有墓地存在。在一八九八年，上海當局總共將二千七百六十三具裝有屍體的棺木移出公共租界或另行埋葬。

再往北方來到山東省，這裡的旱季比較長，草的長度也因為嚴重乾旱而比較短，墓地幾乎是荒蕪一片，如圖 23 所示，有位山東農民剛挖好一口臨時水井，用來灌溉他的一小片大麥田。在相片所拍攝的視野內，較遠方有超過四十座墳墓，另外有七座墳塚的距離較近，正好能清楚拍攝在底片上，足以顯示有廣大的土地都用來作為墓地。

圖 23：山東省，由田地所包圍的墳墓。農民挖鑿出臨時水井，好灌溉一小塊受乾旱所威脅的大麥田。

在更北邊的直隸省（現稱河北省）也是類似情形，從圖 24 看得出來其規模更勝山東省，圖中是典型的家族墓園，從大沽與天津之間往北京方向的許多地方相當常見。當我們進入白河河口航向天津時，在遠方除了地平線延伸而成一片光禿禿的平原之外，便是為數眾多的「祖墳」，如此奇特，如此赤裸，形態如出一轍，數量更是多到我們在經過一小時的路程後，才發現原來眼前都是墳墓，似乎在這片郊外的故人比活人更加密集。很多地方都有巨大的祖墳，墳頂從遠處觀之恰似煙囪，旁邊還連接許多較小的墳墓，使我們在經過時難以分辨它們到底是什麼。

將故人遺體運回家族墓園是相當普遍的習俗，即便已經永久搬遷到較遙遠的省分也一樣；也由於這項習俗，才產生先將遺體暫時葬在其他地方的作法，好等待適當時機運回故鄉。因此，時常能看見有棺材獨自被覆蓋在簡易的茅草屋頂下。

定期維修墓穴以維持其高度與大小也是傳統習俗，就如下兩張圖所示，並且每年以飄揚的彩色紙幡加以裝飾，祭奠後的景象如圖 25

圖 24：直隸省的家族墓園，位於大沽與天津之間；最大的父輩墳塚位於兩座子嗣墳塚旁。

圖 25：甫經修復的墳塚，上頭放置代表紀念性質的紙幡。

圖 26：一群雜草蔓生的墳塚，上頭放置著紙幡，顯示其占去廣大的土地面積。

與圖 26 所示，墓地上焚燒過象徵陰間貨幣的紙錢，焚燒所產生的烟可供故人靈魂在陰間的生活所需。美國人有自己的紀念日，他們千百年來也有自己所忠貞的宗教信仰。

慎終追遠的沉重負擔

勞工階級的喪葬費用一般約為一百墨西哥鷹洋（當時流通於中國的墨西哥貨幣），以家庭日薪或年薪來看，再加上每年的祭祖花費，這是一筆沉重的負擔。

人民在當時的環境中為何甘願承受這筆負擔，著實難以理解。傳教士主張這是出於害怕生命中的惡果，以及恐懼在死後會受到懲罰與遺忘。這是否比較像人們願意在活著時為了美名而付出，並且對於逝者表達慎終追遠的代價？

在中國人漫長的歷史中，慈悲、熱心又懷抱孝道之人，會認為逝者的三魂分別徘徊在家中、墓地與外在世界，這項信仰說來一點也不奇怪，因為諸多這類儀典必定彼此互有關聯，必須一脈傳承，並藉此強迫喚醒對故人的追憶。假如這項觀點為真，那麼祭祀祖先便不該成為代表人格堅毅並具有最高價值的指標，而當人們選擇改善生活以減輕慎終追遠帶來的沉重負擔時，如此認知只會更顯得真切，並且發揮更大的價值，使人們更能追求正確且舒適的生活。

即使在美國，也很難主張我們的喪葬習俗已經臻於完善，因為在所有文明國家中，喪葬花費都超乎其必要程度，儀典也都過於累贅。只需要想像墓地持續增加幾個世紀後的情景，便能體認到我們的習俗

圖 27：將柴火運往內陸的貨運工。

將會變得多麼不切實際。顯然世界各國都應該將喪葬制度加以改良，這點非常重要。

輪船在上海停泊當天，來到輪船邊希望能掙點活兒的工人比日本增加許多，形成強烈對比。我們驚訝地發現，這裡的人比在美國普遍見到的華人還要高。他們的體格跟多數美國人差不多，但雖然看起來沒有營養不良，身上卻也沒有多餘的肌肉。直到看見他們倆倆成對地將吊著大袋棉花的強韌竹竿挑上肩，才發現他們確實很強壯，而將沉重的貨物透過推車長途運過鄉間，也能證明他們的耐力十足，如圖 27 所示。這種的推車也是常見的載人工具，尤其是讓女性乘坐，可能會看見有四到八名女性坐在由一名男性所推動的推車上。

第三章

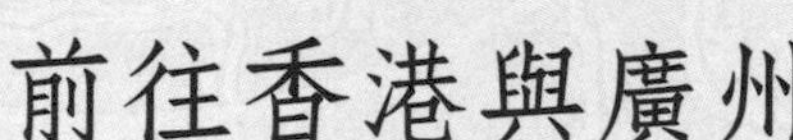

前往香港與廣州

我們來到這些國家，學習歷史悠久的農民如何透過這麼小的土地，供給數百萬人長達數百年的食物與衣物需求，價格又如此低廉，我們也迫不及待想看見在土地上與農作物中繁忙的農民。太陽仍然位在赤道南邊，每天僅向北移動約十九點三公里，所以為了節省時間，我們預約了下一班前往香港的輪船，以越過北回歸線向南航行九百六十六公里，好趕上廣州的春天。

三月四日早晨，土佐丸號出航駛入長江，乘著不斷加快的退潮速度漂流，沿著狹窄的南方河道航行，褐色的渾濁江水有如雨後的波多馬克河（Potomac River）。越過大戢山島後，我們衝破一陣退潮的浪峰，浪花形成與航線對比鮮明的線條。在漫長的歲月裡，這條巨流從遙遠的西藏不斷累積，在沒有疏浚船、駁船、燃料或人力的幫助下，挾帶著未經耗竭也無處可用的土壤，自人跡罕至的海拔奔騰而下三千二百二十至四千八百三十公里的距離，最後在河道入海口的海底持續沖積出世界上最肥沃的田地與農園。如今，巨大的遠洋輪船能沿著這條河道航行，蜿蜒經過在河積平原上所形成長達九百六十六公里、最高度發展的農耕地，抵達武漢三鎮，這裡有一百七十七萬居民在半徑不到六點四公里的土地上謀生與經商，較小的輪船則可以往內陸繼續航行一千六百一十公里，來到海拔三十九公尺的地區。

即便到了現在，在洋流、潮汐與人類的幫助下，這些褐色的渾水仍然快速沖積著肥沃的三角洲平原，形成新的家園。最近這二十五年來，崇明島的長度每年增加五百四十公尺，如今有多達一百萬居民在六百九十九點三平方公里的肥沃平原上生活，種植稻米、小麥、棉花與番薯，此地在五百年前還只是水面下的河沙與淤泥，而現在每平方公里已經有一千四百二十九人在此安身立命。

繁榮的香港景致

三月七日的星期日早晨，我們駛入香港狹長又美麗的港灣。在二十五點九平方公里水域中停泊的包括五艘戰艦、七艘大型遠洋輪船、多艘近海船隻，以及許多小船，那些小船一年拉貨的總公噸數可達二千零四十到三千零六十公噸。

然而港口位在可怕的東印度洋颱風路徑上，雖然受到一座高地島嶼的北岸所保護，一九〇六年九月的一次颱風依然帶來浩劫，造成九艘船沉沒、二十三艘船被吹上海岸、二十一艘船嚴重受損，眾多小船也損失慘重，更有超過一千人喪生。

我們的輪船並未駛向碼頭，而是由汽艇帶領我們來到一座頗有西雅圖風味的城市，這座城在綿延的海岸與後方的山坡之間勉強有個停泊點。這裡的峭壁太陡，很難沿著步道往上爬，而且覆蓋著大量的蕨類、小竹林、棕櫚樹、藤蔓，以及開花的灌木，再加上松樹與大榕樹的點綴，使這片熱帶地區增添了北方的美麗景致。

香港島大約十七點七公里長、三至八公里寬，最高峰在海拔五百四十七點二公尺處有一座信號塔。山上纜車索道掛著堅韌的纜線，每十五至二十分鐘便有兩輛纜車從纜線兩端沿著山坡上山與下山，提供居民來往於山下的商家與山上景色優美、氣候宜人的家園。美麗的道路在城市上空沿著山坡延伸，路面的分階仔細，伴隨著混凝土製的排水溝與橋樑，讓行人可以徒步、騎馬，抑或搭乘人力車或轎子。

我們從其中一條路沿著跑馬地（舊稱快活谷）的一側上山，到達山頂後再繞另一側下山。我們只能偶爾從繚升的霧氣中抬頭窺見山峰，但當視線從山頂向下穿越起伏的溝壑，遠眺整座城市與船隻來往的港灣時，絕對是各地居民所能見到的最美景色。此時剛進入候鳥遷移的季節，各種樹木與灌木也變得繁茂起來。

人力是最廉價的起重機

我們看見女性與男性一起參與粗重的勞力工作，從碼頭長途跋涉，將製作混凝土與柏油所需的碎石跟沙子搬運到陡峭的街道。跟男性一樣，女性的身形也比上海的女性瘦小，跟美國的華人差不多，不過無論男女都相當敏捷、結實又強壯。我們在此初次看見大街上的鋸木工作，方法如圖 28 所示，兩人正在將樟樹切成木板。在溫暖的潮濕氣候中，男性打著赤膊，褲子也捲到膝蓋，而且人手一條大毛巾，用來擦去大量的汗水。

我們也在這裡首次看見四到六樓高的建築拔地而起，樓房在搭建過程中不需要鋸子、鐵鎚或釘子，也不會損傷或浪費木材，而且建築與拆除工作只需要消耗最少的人力。樑木與竹竿的末端重疊後綑在一起，可以在不經過裁切或打釘的情況下固定任何間距與高度，也可以隨時拆除而不浪費，所有部件都能重複使用，只有用於綑綁的材料除外。男男女女用扁擔上的籃子挑著灰漿，一階一階地爬著傾斜的階梯，運上六層樓高的花崗岩建築，人力就是最廉價的起重機。

工業發展下的中國、韓國與日本並不像我們每週都有休息日，當我們星期日下午在跑馬地漫步時，一眼望向梯田與農地，儘管天氣潮濕、多霧又偶有陣雨，農民仍不分男女地忙著為了種植作物而整地、採收蔬菜到市場販售、為植物施放液肥，甚至為特定作物灌溉。

轉向谷地另一頭，我們注意到一處有圍牆的院落，我們沿著一面坡地繞行，來到一位花商的花園中，裡頭陳列著一排排形似灌木的巨大盆栽，如圖 29 所示，灌木被修剪成實際大小的人形，具有四肢與身體，還有上釉的彩色瓷器所做成的手、腳與人頭。在中國各地的戶外格架下，常有人種植這些植物，包括低矮樹種在內的其他盆栽，用來販售給中國的富有家庭。

圖 28：中國常見的鋸木方法。

圖 29：雕塑花器，位於中國香港跑馬地花商的花園中。

圖 30：香港跑馬地的典型農園。

從圖 30 看得出來耕作有多麼徹底、農園整理得多麼有效率又煞費苦心，以及土地上的作物有多麼繁密，為的便是將生產力發揮到最大限度；當他人停下腳步仔細端詳這片園地，將預想幕後推手是位井井有條、細心、簡樸又勤奮之人，無論工作再困難、再忙碌，必定能從出自他手的成果中獲得不小的滿足感。很多時候，**當我們漫步在田地與農園中，都能感受到與這些年邁、常受到誤解、歪曲與低估的農民之間，存在著共同利益的羈絆，而我們也體認到正是這些一身堅毅並具有罕見才智的民族，確保了人類後代的生生不息，並將後世養育成堅實的血脈。**

這些人不僅在整頓田地與農園的收成時嚴謹又刻苦，在關於土壤肥料或滋養作物的一切工序上更是一絲不苟。農民需要花點錢購置如圖 31 中的容器，不僅能存放自家所產生與從他處購買或取得的積糞，也能儲存用來灌溉植物的液肥。陶罐右方有一堆灰燼與另一種肥料。將這些原料保存起來，能以最有利的方式使土壤變得肥沃或滋養生長中的植物。

一般而言，液肥或多或少都必須加水稀釋後才能「施肥」（中國人的說法），因此需要豐沛又方便的水源供給。從圖 32 便能看出，中國農民採用鍍鋅的鐵管，從跑馬地山坡上將水引到菜園。水缸旁有裝著積糞的加蓋木桶，也許是從一公里外挑來的，必須先稀釋後才能施肥。但更普遍的引水方法，則是沿著地面挖出河道或溝渠，再將水引到梯田或農園一角的小儲水槽中，如圖 33 所示，經過保留後多餘的水會從這座梯田流至下一座梯田，提供穩定的給水。圖片右上角可以看到兩個肥料桶，第三個在蓄水池旁。高低兩座梯田都種植水田芥，每年這個季節，跑馬地的梯田中就屬這種作物最為茂盛。

走在這些農園與獨戶住家之間，我們經過一個豬圈，平鋪的石質地面才剛仔細清洗過，非常乾淨，就像家中的地板一樣。雖然我無法得知其他資訊，但我相信從豬圈地面上清除的穢物一定妥善收集在容器裡頭，用來為作物施肥。

三月八日晚上，我們在多雲的天氣中離開香港前往廣州，回頭望去，那景色真是美麗無比。我們告別了三座城市，其一是從陡峭山坡上拔地而起、被霓虹燈所點亮的香港，這裡的夜空繁星點點、亮度不一，最明亮的星辰可以抵過三顆木星；其二是位在港口兩側的新舊九龍；其三則在這兩地之間，與兩側海岸之間隔著一片空廣的清澈水

圖 31：收集液肥的容器，右方有一堆灰燼與堆肥，可用於農地施肥。

域，處於海峽之間的舢舨之城，在警察的管制下，平底小船與各種近海船隻彼此區隔，每個日落時分都停泊在不同街區與街道旁，直到早晨才相繼四散。每天晚上過了一定時間，便不再允許任何人離岸並駛入空蕩的水域，只有經過警方許可才能從特定碼頭出航，警方則會記錄舢舨編號與持有人姓名。

碼頭上有三座大型探照燈不停掃蕩，看著舢舨與其他船隻突然被燈光照亮，好像許多巨大的螢火蟲，隨著來回的燈光一明一滅，著實很有意思。這些是用來減少犯罪行為的手段，以免有人在夜間離開碼頭溜向海峽中的船隻，從此下落不明。

圖 32：以約二公分的鐵管從山邊引水，用來稀釋液肥與灌溉菜園。

圖 33：綿延的梯田，靠近圖片中央有座小蓄水池以及三個液肥桶，前方是整片水田芥。

糞便：美國人倒進大海，中國人則回歸大地

前往廣州的海路大約一百四十四點九公里長，到了早上，我們的輪船在沙面租界下錨。熱心的總領事艾默士．懷爾德（Amos. P. Wilder）發了電報到廣州格致書院，院方派小汽艇到船邊直接載我們前往河南島的本校區。書院位在城市南邊，由西江、北江與東江（顧名思義為西方、北方與東方的河流）經過數百年所沖積而成的大三角洲上，這裡可說是最富饒的土地。此地經過開墾後，很快便成為宜居之地，並得以大量提供食物、燃料與衣物所需的原料。

在河南島上，我們首次走過墓地，因為廣州格致書院就位在一片墓地之中，我們也得知雖然墓地相當老舊，但是並不允許隨意更動。一旁有放牧的牛隻，還有一群約二百五十隻的褐色中國鵝，其中三分之二已是成鵝，正在墓地與鄰近水塘間啄食。一隻成鵝在廣州可以賣

到一點二墨西哥鷹洋，換算後還不到五十二美分，但即便如此，每天只賺十到十五美分的勞工又怎麼買得起一隻鵝回家呢？

我們在此同樣看見中國農民堅毅不懈、永不止息地善用著土地、陽光、雨水與自身精力，為了產出所需而忙個不停。在漫長夏季經過兩期水稻收成的田地，農民再次整起田埂並種植蔬菜，好讓土地在冬季產出第三期收成，如圖 34 所示。

但在土地上如此密集、連續的耕種會使地力耗竭，需要施放植物所需要的養分或添加大量能快速轉化到土壤之中的物料，藉以補充並

圖 34：一眼望去的農田，已經種植過兩季水稻，又再次整起田埂並種植韭蔥與其他蔬菜，作為冬季作物。

修復地力。因此，河南島的農田就跟跑馬地一樣，能從許多事跡看見農民在滋養植物上所付出最為仔細的關照與勤奮。位在運河中的船隻是在一大早從廣州出發來此，上面載著二點零四公噸的人糞，農民則忙著將稀釋後的糞肥以每英畝七萬二千八百公升的比例在韭蔥田裡施肥，肩上扛著兩個跟照片前方所見的相同木桶，裡頭都裝滿肥料。施肥的工具是長柄的勺子，盛裝容量有四點六公升，農民將褲管捲到膝蓋上，打著赤腳涉水走在田間的犁溝之中。

上述是這些農民「滋養作物」的方法之一，還有其他能「肥化土壤」的方法，而我們就在河南島首次看見其中一種。如圖 35 所見，將大量的河底汙泥運上船，先運到準備施肥的田地，等到曬乾水分後才施放。**用來滋養作物與肥化土地的兩種物料，都屬於對地方產業發展有礙的廢棄物，但中國人卻使廢棄物發揮了維持生命的本質義務。**

圖 35：河南島上河道中的船隻，從廣州將人糞載來此地為冬季蔬菜施肥。

人類排泄物（糞便）必須經過處置，美國人將其倒進大海，而中國人卻使其回歸土壤，藉此可使每百萬成年人口每天省下超過一點零二公噸的磷（一千二百二十公斤）與超過二點零四公噸的鉀（二千零二十公斤）。淤泥會淤積在中國的河道中並阻礙航行，而河道必須保持暢通。淤泥中含有大量的有機物質，施放於田地中能為土壤增加腐殖質，同時增加田地在河面與渠道上的水平高度，進而改善排水效果。藉此，他們把原本沒用的廢物加以利用，也使原先將用來清淤的人力付諸更有利的用途。

銅錢的購買力

在一早搭乘汽艇，沿河道前往廣州格致書院與其他三處經許可參觀之地的路上，眼前所見盡是奇特，使人著迷又充滿人情味。廣州的水邊人口令人驚訝，並不是因為數量眾多，而是纖細、精實的身形，以及明亮的雙眸與滿是愉悅的神情，尤其是女性，老少皆同。幾乎隨時都能看見至少一位女性在為平底船、船屋或舢舨划槳，最常見的是母親或女兒，祖母也不少見，雖然有些皺紋，髮色灰白，但卻都很強壯、敏捷，幹起活來精力充沛。

如果是兼作住家的商用船隻，也常看見夫妻倆一同出現，很多時候是一家子人在一起生活。有小孩會從最意想不到的小孔偷看，有時會用繩子拴在腰帶上，以預防小孩意外落水。他們也用同樣的方式把貓拴著。在船尾吊掛的格籠裡，母雞朝籠外所無法觸及的景物伸長脖子。男女老幼都穿著類似的打扮，不戴帽子、打著赤腳、穿著短褲，展現同樣純熟的划槳功夫。如此年幼便生活在浪潮起伏的溪流與運河上，日夜呼吸著開放的空氣、接觸陽光與雲霧，並且遠離街道的塵埃與汙濁，顯然孩童在成長後必當發展出強健的體魄。女性的外表在某種程度上表現出比男性更有活力、更為強壯的印象。

很多船上會販賣各種熱騰騰的料理，包括以綠色葉片包裹米飯，再用植物纖維所搓成的線綑起來，三個一串的粽子，老闆會直接從鍋裡取出並交給乘小船經過的客人。有的客人會購買熱水來泡茶，有的則會花一塊錢買一條擰過熱水的棉布方巾，用來擦臉跟擦手後再交回老闆手中。

若要評估此地維生的艱難度，並反映居民瑣碎的經濟行為模式，最好的方法便是從居民的最小貨幣單位幣值著手，也就是在日常零售交易中所使用的銅錢。在美國的太平洋沿岸地區，也或許是全世界最少關注小規模經濟行為的地區，最小的日常貨幣是鎳幣，其價值是美元的二十分之一（五美分）。而在美國其他地區與大部分英語國家中，一百美分的價值等同於半便士。俄羅斯的一百七十戈比（kopeck）、墨西哥的二百分（centavo）、法國的五百生丁（two-centime）與奧匈帝國的五百赫勒（two-heller），與一美元等值，也與德國的四百芬尼（pfennig）、印度的四百派（pie）等值。同樣地，芬蘭的五百盆尼（penni）、保加利亞的五百斯托丁基（stotinki）、義大利的五百先特西摩（centesimi）與荷蘭的五百個半分錢幣，也都等值於一美元。但是在中國，小規模交易行為的貨幣單位小得多，一千五百至二千枚銅錢才等於一美元。

當我們在山東省詢問農民作物的販賣價格時，他們的回答像這樣：「三十五貫銅錢可以換二百五十二公斤小麥，十二到十四貫銅錢可以換六百公斤麥桿。」根據我的翻譯員表示，此時的一貫銅錢約由二百五十個錢幣串起，幣值等於墨西哥鷹洋的四十分。我們曾兩度看見載滿銅錢的手推車來往於街頭，有些銅錢暴露在車架外，顯示裡頭裝的是銅串而非紙幣。在青島的庫房或倉庫，搬運工將貨物從輪船運下來後才能夠拿到以錢幣支付的酬勞。出納員站在門口，腳邊的穀袋中裝著大量的散裝銅錢，他一手從搬運工手中接過竹製的記帳棍，另一手遞出銅錢作為搬運貨物的酬勞。

也可以參考購買熱水的交易。一艘由母女所掌管的舢舨將我們送上岸邊，船中央佈置著一間小客廳，餐具櫃上有個加了墊子的籃子，藉此充當沒有火的爐子，可以讓開水保溫，隨時用來泡茶，籃子裡則放著茶壺。這些配備已經流傳數百年，而開水就像茶一樣是相當普遍的飲品，也無疑是傷寒與相關疾病的有效預防措施。大家很少生食蔬菜，而且幾乎所有未經過醃漬或鹽醃的食物都會經過加熱或煮熟才食用。河道中也有肉販的船屋穿梭在平底船之間，船上設有儲水槽，可以與河水相互流通，裡頭則裝著要賣的活魚。在街上的市場也一樣，會將活魚放在大水槽中，並且有細長的水流從高處的儲水槽流下，藉此為水槽打氣。禽類大多是活體販售，但我們也看見不少加工過的禽類，經過鹽漬後烹煮成一致的深褐色，再掛在攤子上。從這類景象便能看出來，民眾已經嚴格遵守許多基本的衛生條件。

善用工具的高效智慧

在廣州河道上與商店中所使用的機械用具，儘管有許多都是最簡單的工具，但確實展現出中國極高的創造力。如圖 36 中既簡單卻有效的腳踏水車便是最好的證明，父親與兩個兒子正操作著灌溉水泵，將水以每十小時可灌溉七點五英畝 - 英寸（acre-inche，灌溉的水量單位，相當於七點五英畝地七點五英寸深）的速度抽著水，而包括酬勞與食物在內的開銷大約是三十六至四十五美分。河道上還有幾艘大型的船艉明輪客船，能夠載運三十到一百人，同樣也是由人力踩踏

圖 36：中國的人力水車，透過腳踩驅動木水車將水抽到田裡進行灌溉。

驅動，依照船隻大小而定，可能有一到兩長排的男性負責踩踏。這些客船的航程票價是每二十四公里一美分，以美國鐵路的兩美分票價換算，同等距離的花費只有鐵路的三十分之一。

在廣州附近的運河與水道，疏浚與清理工作也是借助相同的人力踩踏來完成，通常會委託給生活在疏浚船上的家庭。工人會使用長柄清淤鏟，以強韌的竹條編成像滑動式的雙馬拉式鏟土器，再接上竹製操作長柄。清淤鏟以繩索綁在腳踏水車凸出的輪軸上，由至少三個人驅動，藉以沿著河底拉動清淤鏟。當長柄接觸輪軸並且舉出水面時會被甩上船，倒空後再拉動有如槓桿結構較低端的繩索，透過像水井打水器一樣的長臂構造，將槓桿另一端的清淤鏟拋回水中。透過此方式將城中運河與水道的大量淤泥收集起來，再運至附近農村占地廣大的稻田與桑樹田。因此可以保持河道疏通，田地高度也持續增加至高於洪水水位，同時透過淤泥所含的有機物質提供植物所需的滋養，藉此維持田地生產力。

在廣州與許多其他地方，會利用與鈕釦穿繩玩具類似的機械原理來操作小鑽頭，作為製造飾品時的研磨或拋光用具。將用來在金屬上穿洞的鑽頭裝在筆直的軸桿上，通常是裝在竹竿上，並且在上端設置圓形的砝碼。鑽頭的動作是透過兩條繩索，將繩索一端接在砝碼下方，另一端綁在十字形手柄的末端，手柄中央有個孔洞，用來穿設裝有鑽頭的軸桿。把鑽頭放在加工位置並轉動軸桿，兩條繩索會纏在軸桿上，再透過雙手握住手柄向下施加壓力，藉此解開纏繞的繩索並驅動鑽頭旋轉。在適當時機鬆開壓力，能夠維持砝碼的旋轉動量，使繩索再次纏繞，再次向下施壓便可使鑽頭再次轉動。

第四章

沿西江而上

隔天三月十日早晨，我們搭乘南寧號，沿西江上溯三百五十四點二公里前往廣西梧州。南寧號是唯二在兩地之間定期來往的其中一艘英國輪船，另一艘姊妹船已經在一九〇六年夏天的航程中受到海盜襲擊，當時所有船員與頭等艙乘客都在晚餐時間受害身亡。據傳那次攻擊事件的起因（或說藉口）是飢荒威脅，一次嚴重的洪水摧毀了大三角洲地區的稻田與桑樹田，並使堆肥與豆渣肥料無法運送至後方山坡地上的茶園，導致當地三大主要作物毀於一旦。

為了避免類似慘劇再次發生，南寧號的頭等艙與船內其他區域之間，都以穿過甲板與艙口的厚重鐵格柵隔開。上鎖的頭等艙門前有武裝警衛鎮守，頭等艙天篷下的梁柱上還掛著劍。中英兩國的砲艇在江上巡邏，包括政府士兵在內的所有中國乘客都要接受搜身，防止他們私藏武器登船，而且所有武器都會遭到扣留，直到旅程畫下句點。我們經過幾艘大型的商用帆船，船上設有小型火砲，而且當我們從廣州搭火車前往三水時，車廂裡還有一位政府的緝匪人員。

西江是中國最大的幾條河川之一，甚至在全世界都不遑多讓。在梧州較低水位的地區，江面寬度有將近一點六公里，我們的輪船在水深七點二公尺處下錨，停靠在一座漂浮的碼頭邊，碼頭被巨大的鐵鍊拴住，鐵鍊則沿斜坡朝城市方向延伸九十公尺，因此到了雨季的洪水期，可以讓碼頭在江中上升七點八公尺。在西江蜿蜒穿過瑞興谷地的狹窄區段，連低水位的江深也超過四十五公尺，太深以至於船隻無法下錨，所以在預期會起大霧時，船隻都會停駛以等待放晴。由於江深的波動過大，要通過梧州的船隻，低水位期的吃水深度受限在約二公尺深，高水位期則可達到約五公尺。

當西江從高地川流而下，挾帶大量泥沙與北江跟東江匯流時，便進入一片巨大的三角洲平原，東西向長達一百二十八點八公里，南北向的長度也相仿。這片平原經過渠化、築堤與排水工程，並轉變為最富有生產力的田地，每年可種植至少三種作物。隨著我們往西經過三角洲地區，看見寬廣的平原田地四周都築起堤壩，以免受高水位侵襲，農民正在犁田與整地，好準備種植下一期稻作。許多地方的堤壩上都種了香蕉，遠遠望去貌似一片廣大的果園。

我們幾度湊近觀察田地如何規劃。從水閘口開始，寬一點八至二點四公尺的運河往後延伸三百九十六到四百九十五公尺。主要渠道被切成直角轉彎，河渠之間的田地寬約近十公尺，被農民筆直地犁過，每塊田地之間以犁溝劃分。許多田地用來種植高達二百四十公分的甘蔗。中國人並不從事製糖業，而是將甘蔗汁烹煮至接近固化，再加入糕餅中，就像巧克力或褐色的楓糖一般。大量的甘蔗也會以草蓆或其他布料一束束地捆起來，輸出到北方省分。

很多地區的水路太寬，無法仔細觀察田地的狀態與作物，即使戴上眼鏡也難以分辨。這些地段的新建堤壩外觀大多像是以石灰岩打造，但若靠近一瞧，便看得出來它們是以河砂切成的石塊所堆砌而成的牆面，表面稍微傾斜。然而隨著時間經過，石塊就會風化，堤壩也會變成圓形的土牆。

我們航經一艘有兩位男性的船隻，他們養著一大群約上百隻的黃色小鴨。岸邊停著一艘大船屋，並以一疊稻草與其他雜物搭建成鴨群的水上住家。河岸人家時常以這種方式養著大群的鴨鵝。當需要遷移至另一處飼養地時，便將一塊跳板放上岸，讓鴨鵝得以上船過夜或是移往他地上岸。

在三角州平原上西行約五小時路程，此處田地約高於現行水位一點八至三公尺，我們來到了種植桑樹的地區。這裡的植物成排種植，間隔約一點二公尺寬，多是小型灌木而非樹木，灌木看起來形似棉花，以至於第一印象讓我們以為來到了產棉地區。

在受堤壩所環繞、地勢較低的區域，有些田地的規劃方式類似義大利或英國早期的浸水草地，有一條較淺的灌溉溝渠沿著地床的高頂延伸，較深的排水溝渠則沿著田地的分界線延伸。在我們看見的溝渠最近開挖之前，桑樹已經占據了這塊土地，而行列間的地面也勻稱地鋪著被鏟起來的新鮮泥土，挖起的泥土甚至還是完整的塊狀。在圖 37 中可以看見，在廣州與三水之間種植桑樹的土地都經過如此處理，植物周圍的地面都鋪著溝渠中挖出的泥土。

圖 37：桑樹田中，從溝渠挖出的新鮮泥土鋪在地面上，把土地劃分成一塊塊苗床。

漸層的田地景觀

沿著河流，每過一小段間隔就有步道跟石階延伸到水中，而在約四百公尺的距離之間，我們總共看見三十一名男女在肩上挑著扁擔，竹籃裡裝著從吃水線（即船體與水面相遇的線）上方所挖起的泥土。我們其實並不知道這些土料要如何處置，因為泥土都被運到地平線的另一頭，但我們幾乎猜得到，這些泥土會鋪在桑樹田裡。

此時正好下起雨來，而就像魔法一樣，田裡原先看似沒有人煙的地方，出現許多巨大斗笠與油紙傘如花朵般綻放。從下午一點到六點，我們不斷穿梭在延伸好幾公里的桑樹田中，顯然總占地面積一定很大。而我們即將抵達三角洲的邊界，桑樹田也變成種植穀類、豌豆、其他豆類與蔬菜的田地。

離開三角洲地區，只要再穿過一座山丘上的鄉村便能到達梧州，此地山坡從河岸邊陡峭地拔起，因此農地與可耕地也相對稀少。通常在一百五十至三百公尺的高度，被土壤所覆蓋的圓頂山丘側邊與山頂上都會披著一片低矮的草本植物，還有少數的樹木，最常見的是松樹，約有一百二十至四百八十公分高。

河道上有幾個區段受到嚴重侵蝕，形成規模不小的裸露隘谷；但除此之外，我們也不斷對異常陡峭的山坡感到驚訝，幾乎隨處可見凸出的圓形輪廓，上頭覆蓋著土壤，沒有隘谷地形，而且完整地長滿一層草本植物，外加零星的幾棵小樹。缺乏森林的生長，主因是來自人類的影響，而非歸因於自然條件。

在這條大江的山坡地段，最大的特色也最長久的人類活動特徵，便是將層層疊起的斷枝與成堆的柴火沿著河岸堆放，或是裝上船運往市場。斷枝通常是松樹枝，成綑綁起後就像穀類一樣堆起來。柴火則通常是取自樹枝與樹幹的圓形去皮樹枝，直徑約五至十三公分。這些燃料都是來自後頭的鄉村，沿著山坡上極為陡峭、不適合行走的山路一路滑到河邊。木材隨後被搬上大型駁船，較大的樹枝堆疊起來有利於排掉雨水，但也留了一條通往一旁船上小屋的通道，並且以繩索將木材綁在小屋周圍。這些木材即將運往廣州與三角洲的其他城市，較大的松樹枝則送往沿岸的許多石灰與水泥窯。從樹根到針葉，整棵樹都會被當成燃料使用，不會有任何浪費。

逆流而上的南寧號上主要載著從廣州出發、用來編製草席的燈心草，就像小麥似地一捆捆綁起來。這些草以類似水稻的方式種植在地勢較低、較近期沖積而成的三角洲土地。圖 38 是日本的燈心草田。

燈心草的目的地是西江支流上的農村，位在上游大約四十三點四公里處，而我們的船也碰上從此地出發的船隊，船上住的正是從事編

圖 38：日本的稻田與燈心草田一景。前方的與後方的暗色區塊都種滿燈心草。

織業的人家。這支船隊返航時再次碰見我們，這次船上載滿了編好的草薦。中國人利用一套簡單又獨特的方法來記錄經過運送的貨物。搬運工每送兩包貨，就會拿到一對記帳棍，而跳板上會坐著一位手拿記帳盒的男性，盒子分成二十小格，每格最多能裝進五根記帳棍。只要貨物離船，便將記帳棍放進記帳盒裡，直到裝滿一百根再換下一盒。

梧州市的居民約有六萬五千人，座落在河岸後方較高的地勢上，從靠岸的輪船或河邊並無法望見。在碼頭邊的錨鍊前方不遠處就住著一群江上人家，住所並不比印度的簡陋棚屋穩固，但居民從事著各式各樣的工作，晚間還有許多水牛會繫在錨鍊上。直到七月以前，此地大部分都會淹沒在高漲的江水之下。

此時有位造船匠正利用簡單卻有效的弓鑽來鑽洞，用來安裝船隻跳板的暗榫插銷，另一人則將跳板彎折成適當的曲度。弓鑽包括一根竹竿，其中一端具有鑽頭，另一端則有個肩托。利用肩膀將鑽頭抵住要穿孔的位置，再以一張長弓的弓弦纏在竹竿上，將弓前後拉動，便能快速又方便地旋動鑽頭。

要將十公分厚、四十六公分寬、又長又重的木板彎曲，倒是容易得多。將木板浸滿水分，接著把其中一端固定在離地一百二十公分高處，再燒一把稻草並沿著濕透的木板下方來回移動，在木板的蒸氣與重量作用之下，便能把木板彎折成需要的形狀。這種方法也常用來將竹竿折彎或打直，以符合各種用途所需，圖 39 便是利用有三根分支的小樹，透過此方法所彎折而成的木叉。手持木叉者是我的翻譯員，右方女性當時正使用木叉來翻動小麥。

當年邁的造船匠完成木板的塑型工作，便坐在地上抽起菸來。他的菸斗是一節長達三十公分、直徑五公分寬的竹桿，其中一端開著，

圖 39：透過簡單的蒸氣與乾燥方法，將樹枝彎折而成的木叉。

並且在封閉那端的側面鑽個小洞當作通風口。將一撮菸草放進底部，嘴唇含住開放那端，點根火柴放在小孔上再吸口氣，便點燃了菸草。他將斗壁放在地上並置於雙腿之間，好盡情享受抽菸斗的樂趣。他把嘴唇放進斗壁並深吸口氣，讓肺部充滿煙氣並暫停片刻，緩緩吐氣後正常呼吸一次，再接著抽下一口菸。

返回廣州的路上，我們帶著一位翻譯員搭乘鐵路前往三水，並造訪沿路的農田。圖 40 便是其中一景。有位婦女正在滿園蔬菜中摘著玫瑰花，身後與附近的房舍旁有兩排廢棄物儲存桶。中間背景裡的大型「庫房」，作用類似美國的冷凍倉庫以及裝有電梯的稻米穀倉，富

圖 40：廣州附近的三水一景。

貴人家也會將過冬用的毛皮大衣放在裡頭妥善保存。中國的此地有許多這種糧倉，而糧倉數量也顯示出城市的等級。錐形土丘是附近的大型墳塚，後方還有許多墳墓在山丘上排列成鋸齒狀的天際線。

養活一家子的雙手

接下來的圖 41 是爬在竹莖上的冬豌豆，在第二期水稻收成後種植在殘株之間的田埂上。前面有一條水渠，兩條田埂後頭是第二條水渠，第三條則延伸至房屋前方。田地經過放水與施肥，已經準備好迎接下次的第一期稻作。就如同圖 42 所示，一位農民正在施放肥料，一邊涉水一邊倒空竹籃。

圖 41：二期稻作後在冬季種植的豌豆，圖中有三條平行的水渠。

圖 42：農民正替放水的田地施肥，為種稻做準備；後方有豌豆與其他豆類，背景中看得見住家。

中國南方每年通常有兩期稻作，而在冬季與早春之間，會種植穀類、高麗菜、油菜、豌豆、其他豆類、韭蔥與薑來當作第三期甚至第四期作物，使土地在整年內發揮最大的生產力，而為了確保高產所需耗費的心思、勞力與肥料更遠勝於此。

圖 43 便可看出這背後所花費的心力有多大，兩塊農地上推著高

圖 43：剛種植好的薑田，田裡有堆好的田埂與排水用的溝渠，顯示為了在二期稻作後的冬季確保收成，必須付出龐大的手工勞力。

高的田埂，用來種薑並且覆蓋著稻草。這些工作都必須手工完成，而當種稻時節來臨，又必須將每條田埂鏟平，並且把土面整得與水位一樣高。即便田埂與田地並未用來種稻，也會調換犁溝與田地的位置，以便翻攪深層土壤，而且大多都是透過雙手的勞力來進行。有人主張這些人的工具相當簡陋，勉強只刮得動田地的表面而已，此說法與事實不符，因為儘管犁具看起來很淺，但他們確實時常深耕土壤。

位於廣州東邊的東莞有間教會醫院，透過院內的約翰．布魯曼（John Blumann）醫師，我們得知當地的肥沃稻田在幾年前售價是每英畝七十五至一百三十美元，但是價格飛快地飆漲。條件較好的農民，約可擁有十至十五畝（一點六至二點五英畝）的土地，可以養活六到十二口之家。木匠或石匠的日薪為十一至十三美分，不含食宿，但工人的每日酬勞約等於墨西哥鷹洋的十五分，不到七美分。

無論是或深或淺的水塘都能用來養魚。常態深水塘的租金高達每英畝三十美元。淺水塘在旱季可能乾涸，只有雨季才會養魚，乾涸後便用來種植作物。常態水塘通常深達九十到三百六十公分，用得愈久深度愈深，因為地主會定期利用水泵排水，並挖出三十至六十公分深的淤泥，作為肥料賣給種植水稻或其他作物的農民。養魚戶普遍也會為水塘施肥，而假如水塘邊常有人走動，也會在水上搭起簾幕以利行人來往。經過妥善施肥的水塘，飼養出來的魚可以在市場上賣到更高的價格。在水中施肥有利於動植物的養分生長，而魚群便能以此為食，藉此獲得更佳的滋養，並跟其他妥善餵養的動物一樣長得更快。

第五章

渠道與梯田

我們在三月十五日晚上離開廣州前往香港，隔天再次登上土佐丸號航向上海。雖然我們的輪船已經看不見陸地，只瞧得見近海的幾座小島，但在我們在汕頭的韓江河口外越過北回歸線時，航線上的潮水依然渾濁。在沿岸向北超過九百六十六公里之地，或許是距離海邊八十點五公里處的海底，有來自中國不可計量的肥沃土壤正在堆積，對於全國四億人民與其子孫而言尚且遙不可及。而對未來的政治領袖與工程科技來說最艱鉅的任務之一，便是將近海這些大量沉積土加以轉變，把如此珍貴的土地逐年納入公有領地的範疇。

在剛離開的巨大廣州三角洲平原上，在我們正前往更加廣大的長江三角洲平原上，以及在更北方不斷推移的黃河三角洲平原上，**數百萬人以幾百年來的辛勤勞動，沿著上述地界造就了規模幾乎難以估量的偉業。**他們透過堅毅的體力與意念築起堤壩、挖通運河、將流過眼前的渾濁溪流加以改道，並將淤積的泥沙與有機物質搬運到田地中作為肥料，就如我們先前所見，僅靠著農民的雙肩來完成。

密如蛛網的渠道化系統

要透過文字或地圖來傳達渠道化系統，以及三角洲與其他低地的開墾工事規模，或是中日韓三國農地數百年來持續進行中的表層土壤改造，是很難的事。經過深入開墾與整理的土地，就是他們最長久的資產，並撐起最為稠密的人口。在我們搭乘船屋航行於上海與杭州之間的三角洲運河時，曾在一段長達一百八十八點四公里的航程上，仔細記錄跟主河道匯集與分離的支流數量與規模。紀錄顯示，嘉興北方延伸到杭州南方的九十九點八公里航道之間，有一百三十四條由西邊匯集而來的支流，另一側沿岸則有一百九十條運河自此流出。沿線測得兩側運河的平均寬度分別為六點六公尺及五點七公尺。在四月到五月的高水位季節，農地距離水面高度約為一點二到三點六公尺高。在我們駛入大運河後，河深大多超過一點八公尺，而根據我們的最佳判斷，中國此地區所有運河的平均深度為農地高度下方超過二點四公尺深。

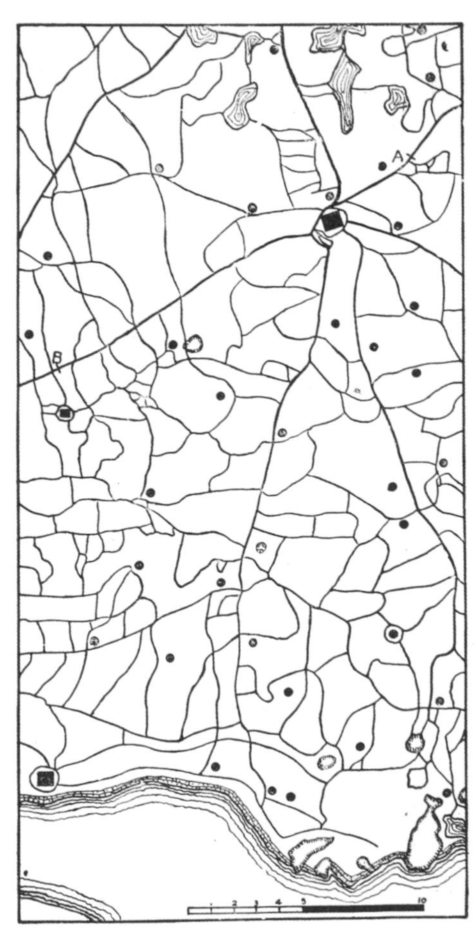

圖 44：浙江省一千八百五十九點六平方公里地區內的主要運河地圖，每條線皆為一條運河。

在圖 44 顯示我們所航經的一千八百五十九點六平方公里範圍，所有線條都代表運河，但這些僅占實際運河數量的不到三分之一。從我們尚未到達嘉興前就開始記錄的 A 點，到接近地圖左邊界的 B 點之間，共有四十三條來自地圖上側農村的運河，圖中僅標出其中八條，而在河岸邊共有八十六條支流朝著海岸流進三角洲平原，圖中僅標出其中十二條。同樣的，在我們搭火車從上海到南京的路途中，我們也記錄了從火車上沿著鐵路所能看見的運河數量，紀錄顯示，在龍潭到南翔的二百六十點八公里路程中共有五百九十三條運河，表示在此地以及上海到杭州之間，平均每公里就有超過兩條運河。

如此龐大的民生改善工程，透過下頁兩幅手繪地圖更能了解其範圍、特性與用途所在。首先，圖 45 涵蓋長二百八十一點八公里、寬二百五十七點六公里的面積，較小方形內的區域則是圖 44 的描繪範圍，而於此地區的運河總長為四千三百四十七公里，但圖 44 只標出了此圖內大約三分之一的運河。根據我們的實地觀察，實際運河數量應該高達圖 44 中的三倍。因此，現今位於圖 45 範圍內的運河總長也許不少於四萬零二百五十公里。

圖 46 中描繪中國東北方一塊長一千一百六十七點三公里、寬九百六十六公里的地區。未描繪陰影的區塊涵蓋了將近五十一萬八千平方公里的沖積平原，地勢相當平坦，即便在長江上游一千六百一十公里處的宜昌，海拔也僅僅只有三十九公尺，海浪起伏甚至能沿河流傳到距離海岸六百零三點八公里外的蕪湖。在夏季，吃水深度七點五公尺的船隻能夠上溯九百六十六公里直達漢口，小型輪船更能深入距離漢口六百四十四公里外的宜昌。

圖 46 中所示地圖東南角的長方形區域，便是前述運河系統的所在位置，位於地勢較低的廣大三角洲與沿岸平原上。從南邊的杭州朝北往天津延伸的粗黑線條，便是超過一千二百八十八公里的大運河。位於長江流域西邊的安徽、江西、湖南與湖北都有相當廣泛的渠化河道，更往西走就是四川省的成都平原，長一百一十二點七公里、寬四十八點三公里，享有「中國最卓越的灌溉系統」的美名。

沿著黃河流域而上往西越過地圖，會來到一片二百零一點二平方公里的灌溉土地，約在寧海府附近，再往西還有其他類似地區，位於

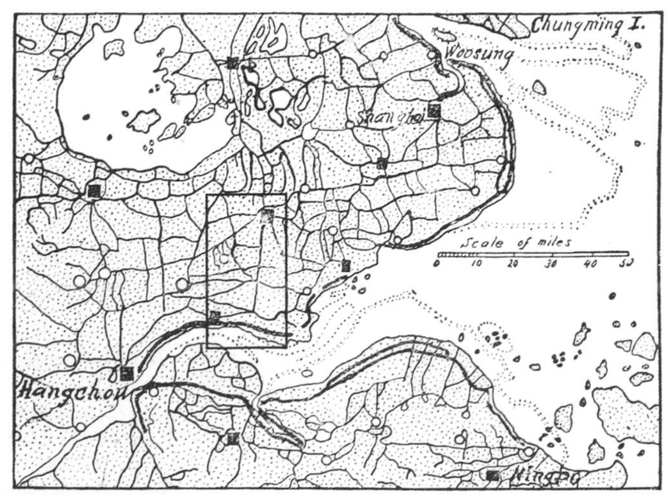

圖 45：浙江省與江蘇省部分地區的素描地圖，顯示某些超過四千三百四十七公里的主要運河以及超過四百八十三公里的防波堤。圖中較粗黑線代表防波堤，方形區塊則為圖 44 的涵蓋範圍。

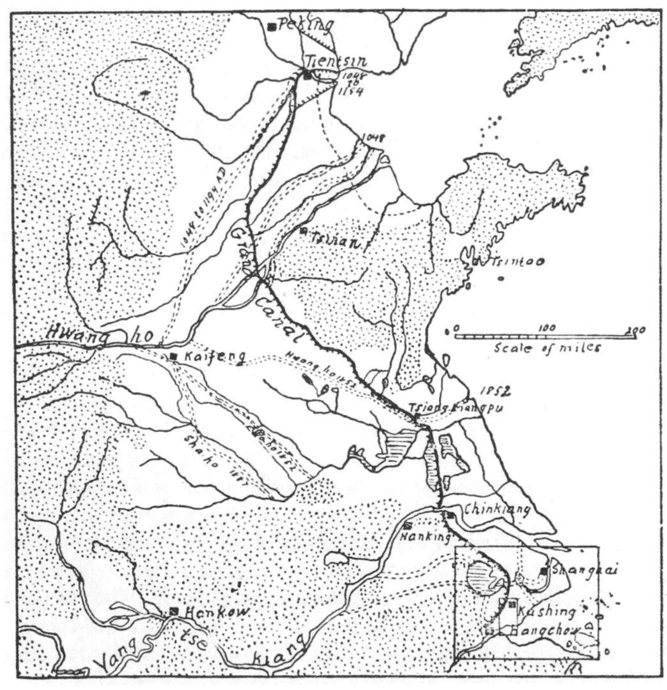

圖 46：中國東部和北部區域的沖積平原和大運河。圖右下方形區域詳細情況如圖 45 所示。

甘肅省的蘭州府與肅州，黃河至此海拔已經高達一千五百公尺；廣大的廣州三角洲也是類似地區。保守估計，中日韓三國的運河與築堤河川總長，是圖 45 所示範圍內運河總長的八倍之多，足足有三十二萬二千公里。美國由東至西的四十條運河加上由北至南的六十條運河總長，也不及這三國的運河總長。事實上，或許這項估計單對中國而言也不算太大。

這些浩大的渠化工事必定伴隨著大量的築堤、開溝與堤岸工程。在圖 45 中地圖所涵蓋的範圍內，光是防波堤的長度就超過四百八十三公里。在揚州與淮安府之間的大運河東岸，便有巨大的堤壩阻擋東邊平原上的河水流向西邊，並將河流改道向南流入長江。但其同時也具有洩洪道，可以在洪患時朝東邊洩洪。然而，在距離東岸六十四點四公里的西邊，有另一座堤防與運河可以調控過量的河水，將河水注入眾多湖泊中，爾後自然排除。此地位在圖 46 中的長江北方。

沿著長江河岸及黃河數公里沿岸地區都築起巨大的堤壩，有時會在溪床高於鄰近鄉村的地區，與河道間隔不同距離處同時修築兩三座堤壩，以相互補強，目的是在發生洪患時將氾濫面積加以侷限，以避免災情擴大。在湖北省，漢水流經較低窪鄉村的長度約有三百二十二公里，而這段河道的兩旁完全築起堤壩，部分堤壩更高達超過九公尺。同樣地，在廣州三角州地區也有數百公里長的防波堤與堤壩，因此這泱泱大國內的堤壩建築總長度是以數千公里為估量單位。

除了運河與堤壩建築以外，還需要大量蓄水庫才能控制來自大型河川的水流。湖北的洞庭湖與江西的鄱陽湖是其中兩座分別占地五千二百零三點三平方公里與四千六百六十二平方公里的水庫，雨季時的水位會上升六至九公尺。沿岸平原還有其他大大小小的水庫，總面積超過三萬三千六百七十平方公里。這些水庫具有調節洪水的功能，並且穩定累積著從遠方不適農耕的山坡地所挾帶而來的沉積物，最後將成為肥沃的沖積平原，發展出我們所看到的渠化系統。

這些巨大的建築工事還有另一個階段，對於提升中國生產力也具有重要意義，那便是將洪水所挾帶並沉積在氾濫地區、運河底部與河岸地區的大量淤泥加以利用，以增加可居住地與可耕地面積。長江入海口快速擴大的崇明島便是很好的例子，在新形成約六百九十九點三平方公里的土地上，已經有上百萬人口定居，而且島上如今也開鑿出運河，從圖 45 上方邊界便可看見。上海市，如同其名，原先是坐落在海岸地區，如今已經在東邊與北邊衍生出三十二點二公里土地。西元前二二〇年，山東的蒲台縣距離沿海只有約五百公尺，到了一七三〇年，已經位於距海七十六點五公里遠的內陸，如今距離更已達到七十七點三公里。

位於北運河（海河支流）的鹹水沽，西元五〇〇年時位於海岸邊，而我們在前往天津的路上經過這座城時，已經距離海岸三十公里遠。圖 46 中的虛線自渤海灣（舊稱直隸海灣）沿岸標出過去的海岸線，藉此能看見陸地已經往海岸方向推進了三十公里。

除了上述海岸線的確切推進以外，湖泊與低窪地區數百年來的氾濫也填滿了許多窪地，進而將大範圍的沼澤地轉變為可耕農地。不僅如此，運河泥沙的擴張也對河邊農田帶來兩大重要影響，分別是使地勢較低的農地增高，帶來更佳的排水效果與物理條件，並且藉由最富饒的未耕土壤增添了豐富的肥料，對於維持土壤的肥沃度、高生產力以及數百年間的永續農業發展都有極大貢獻。

這些維護與改良作業的起步時間很早，似乎從這座帝國有紀錄的歷史以來便持續進行，如今仍然歷久不衰。圖 44 與圖 45 中的運河是在一八八六至一九〇一年間所建造，位在崇明島的延伸範圍以及北邊的新生土地上，將一八八六年所修訂的《施蒂勒地圖集》與近代的德國研究相互比對，便可看出端倪。

治水工事的開啟

在西元前二二五五年更早以前，大約距今四千一百年前，中國的堯帝指派大禹作為「工程監督」，並委任他治理洪水災害與開鑿河渠的工程。他在這項工程上奉獻了十三年光陰。最終雖然與意願相違，但他還是在人生的最後幾年受人民推舉而登上帝位。

黃河的歷史就像是對於黃河氾濫與河道改變的紀錄，從大禹的時代開始，黃河便曾多次氾濫，或許就是他開創了永存至今的治水工事。在西元一三〇〇至一八五二年間，黃河會匯流至山東高地南方的黃海，但在洪患最嚴重的那年，黃河突破北方的堤壩並改道至現今的河道，最後流入往北四百八十三公里處的渤海灣。圖 46 的手繪地圖中，以虛線標示出黃河與長江的河道變化，可以看見在前後一百四十六年之間，黃河的河水經過北運河從天津流進大海，與一八五二年的入海口相比往北移動了六百四十四公里之遠。

據說這條大河在低水位時期流經山東濟南時，運水量不小於每秒三千零四十立方公尺，而在洪患時期的運水量可達到三倍之多。如此充沛的水量足以在二十四小時內將八十五點五平方公里的平地鄉村淹沒至三公尺深。在過去四千年來，居民不斷評估自己是否能抵抗如此洪水猛獸對於家園與低位農地的侵襲，只能將自身的存亡託付在高牆之上，他們是處於何種心理狀態之下？即便百姓對於河川的掌控並非無往不利，但他們從未放棄嘗試。在一八七七年，黃河沖破河岸並氾濫至廣大土地上，造成近一百萬人傷亡。此外，在後來的一八九八年，黃河也摧毀了濟南東北方與西南方共一千五百個村落，由於如此層出不窮的災害，世人將黃河冠上「中國之哀」（China's Sorrow）、「桀敖不馴」（The Ungovernable）與「漢民之災」（The Scourge of the Sons of Han）的惡名。

大運河的修築是中國近代史上的大事件。位在長江與清江浦之間的中段河道，據傳是在西元前六世紀建成；位於鎮江與杭州之間的南段，是在西元六〇五至六一七年間建成；但從黃河在一八五二年的舊道至天津之間的北段，卻直到一二八〇至一二八三年間才建好。

中國人口中稱為御河（皇帝之河）、運河（運輸之河）或運糧河（進貢之河）的這條大運河，將遠方內陸而來的大河結合成巨大的水運系統，以維持不斷增長的人口。我個人認為，大禹確實掌握了全民族的脈動，有能力將視野投射到人民在四千年後的未來，並且規劃出在千百年來都能奉行不諱、確保後人得以延續的措施。

耕力與地力的平衡

可耕地的地力耗竭一直是各文明族群最根本的難題，而圖 44 與圖 45 所描繪的渠化系統似乎是重拾三角洲與氾濫土地生產力的第一步。無論如何，中國的三角洲與氾濫平原渠化工程，都是中國人在保護天然資源方面最根本、最有成效的手段，我們確信世界上這個最悠久的民族曾經大幅擴張沿岸平原範圍，並保留了數百平方公里最富饒、永恆的土壤。我們也認為這是對過去四千年來，人類為這塊卓越地區所帶來的改變的最充分、最準確見證，顯示如此宏大的渠化系統曾經過緩慢、循序漸進的發展，同時代表這些堅強、勤奮、堅忍、寡言卻深思熟慮的百姓，為了尋求家園與維持田地生產力而勞心勞力，從而對土地帶來深刻的影響。

無庸置疑，完善並拓展控制洪水氾濫的措施，顯然是最能引起中國當代最優秀思潮的關鍵課題。為了需要家園與急著謀求生計的數百萬子民，**政府應該認真考慮提供最佳的工程技術指導，使大量居民投入工作的可能性**。透過工程技術與器械，使黃河與中國其他可能氾濫的河流完全處於掌控之中，如今已是可行之事。藉由將黃河侷限於河道，鄰近低地便能透過渠化獲得更佳的排水成效，也解決因為鹽分沉積而使土地寸草不生的問題。在洪患季節，使河道彎曲是提升鄰近低地高度的方法，同時也能讓土地更為肥沃。當河流水位高於鄰近平原時，要在可掌握的情況下藉由重力將渾濁的河水汲入築堤窪地並不困難，甚至能迫使河水為本身的堤壩提供支撐。中國確實有需要使原本就相當發達，並且已經投入排水、灌溉與施肥用途的運河更加完善、更有效率，現在也是絕佳時機。

美國的情勢也很類似，我們正在考慮發展內陸水路，這項課題必須經過廣泛調查，也應該對悠久的東方民族數百年來所發展而成並且成效斐然的工事仔細考究。密西西比河每年挾帶將近二十二萬五千英畝 - 英尺（acre-feet）的肥沃沉積物流入大海，並且使堤壩間的河床隆起，導致沿岸三百二十二公里長的鄉村遭受洪患。該是時候採取有系統的作法，將這些沃土轉移至沼澤地區，並提供可用於排水、灌溉、施肥與運輸的水路，進而創造出排水良好、適合耕種又肥沃的農地。這些富饒的沼澤地或許可因此搖身一變，成為世界上產量最高的稻田與蔗糖生產地，同時只要密西西比河仍然川流不息，此地就能持續維繫數百萬人的生命。

但是對於水土流失的浪費所採取的保存與利用工程，縱使與中國在三角洲平原的工事規模同樣驚人，若與仔細且廣泛的大規模整地所帶來的收益相比，成效還是很小，因為後者除了能減少土壤流失，同時還能使逕流中大量的可溶性懸浮物質流入農田。日本的山坡與丘陵地相當廣泛，在本州、九州與四國等主要島嶼有二萬八千四百九十平方公里的可耕地，都依照水位地區仔細分階成梯田，並且以隆起的狹窄田埂分界，田埂能積存超過四十點六公分高的逕流水分，藉以將水中大部分的懸浮物與可溶性物質保留在田地中或供給作物所需，同時幾乎能完全避免地面的土壤流失。圖 9（P.36）至圖 11（P.37）的景象是將這種原理應用在較大、較平坦的田地，圖 134、圖 135（P.248）及圖 195（P.346）則是應用在陡峭的山坡地。

假如日本的水平階梯田總面積為二萬八千四百九十平方公里，那在中國經過如此表面擬合的土地面積更高達八倍至十倍之多。就我們觀察，美國南部與南大西洋沿岸各州所發生的大量水土流失，在遠東國家可不會發生，即便在形勢陡峭的地形上也一樣。**我們看見的茶園並非種植在梯田，而是在陡峭的山坡上，而茶園地面通常會鋪上厚厚的稻草，因此即便大雨滂沱也不會造成水土流失。這種方法能留住滴落的雨水，讓土壤有機會在毛細作用與重力的拉引下吸收雨水，同時從稻草中濾出可溶性灰分。**我們所看到以這種方式施用的稻草，通常有十五至二十公分深，使每英畝上至少乘載六公噸的稻草鋪墊，而當中就含有六十三公斤的可溶性鉀與五點四公斤的磷。因此，這種作法能迅速提供土壤肥沃度、達到最佳的雨水保留與利用效果，並徹底預防土壤流失。

在江蘇與浙江省，就跟遠東地區其他人口稠密區域一樣，我們發現幾乎所有可耕地都相當平坦或被整理得階級分明。圖 47 便是在地勢平坦的農村所看見的分階梯田。透過將田地進行初步的表面擬合，農民把水土流失與表土淋溶造成土壤肥沃度浪費的可能性降至最低。同時，他們也得以將最大量的降雨流在農地上，並且迫使較大部分的逕流從地底排水，不會從其他管道流失，藉此將表土所發展出的植物養分運輸至作物的根部，而植物的根部也讓土壤更能完整吸收並保留並未消耗掉的可溶性植物養分。當需要補充灌溉時，這種作法也能為水分的運用提供最佳條件，並且在降雨量過多時有利於表土排水。

圖 47：浙江省經過分階的梯田，有利於保留雨水並維持土壤的肥沃，同時也有利於灌溉與排水。

除了農地的表面擬合之外，農民也使用各種額外措施來保留雨水及土壤肥沃度，圖 48 便是其中之一，圖中是蓄水池的一側。此處共有三個蓄水池，透過地面上的溝渠相互連通，也連接至同一條運河。蓄水池周圍的平坦田地看起來像苗圃一樣，狹長的田埂之間以狹窄的犁溝分界，犁溝則在蓄水池邊界與一條主排水道連接，中間隔著一條隆起的狹窄田埂。這樣的蓄水池可能深達二至三公尺，可以透過水泵完全抽乾，或是在旱季時的蒸散作用而排乾。多餘的表層水會流進蓄水池，因此能把流水從田地攜出的所有懸浮物質集中，並透過淤泥或或堆肥的形態送回田里施肥。製作堆肥的過程中，先在蓄水池旁挖坑，如圖中所示，並把粗肥與殘株型態的粗纖維或其他可用渣滓丟進坑里，再鋪滿蓄水池底部挖起的爛泥。

在擁有大量運河的省分，運河也能當作蓄水池樓收集表層的沖刷物質，而運河邊也會挖掘大量的堆肥坑，在農耕季中不斷填滿，當農

圖 48：為保留雨水與保持土壤肥沃所挖的蓄水池，也能夠作為魚池，並且提供製造推肥所需的水分與泥土。前方地面上的圓形是堆肥坑。

圖 49：兩個填滿粗纖維與運河底泥的堆肥坑，用來製作農田需要的堆肥。沿著運河邊的狹窄小徑是江蘇省常見的道路。

圖 50：在山東省用於排水、保留雨水與維持土壤肥沃的田溝。溝渠底部寬達六十公分，溝面寬達一百八十至二百四十公分，深度約有七十五至九十公分。

田輪作其他作物時便能派上用場。圖 49 顯示運河邊兩個已經填滿的推肥坑。

在其他例子中，例如拍攝於山東省的圖 50，田地表層經過整平，並透過又深又寬的溝渠劃分，溝渠能用來收集大雨時的多餘水分。如圖中所見，溝渠並沒有排水措施，因此收集而來的水分若不是滲漏就是蒸發，或者有一部分會經過潛流與毛細作用，從蓄水池回流到土壤中。山東省的降雨量通常較大，但全年總雨量卻很少，只略超過二十一點五公分，因此亟需審慎保存水資源。

第六章

尋常百姓的習俗

土佐丸號在三月二十日載我們再次來到上海。人力車輕快地將我們與沉重的手提箱從碼頭載到禮查飯店（後更名浦江飯店），路程超過一點六公里，總共花了八點六美分，比平常的收費高了些。我們在路上經過幾輛滿載的獨輪推車，上面載著幾名婦女，車費雖然只有我們的十分之一，速度卻慢得多，也比較顛簸。

還遠在半個街區外，便聽此起彼落、又響亮又清楚的敲擊聲，那是打樁工仍在為禮查飯店的打地基的聲音。我們初次看見工人後隔了八十八天，當我們在三月二十七日從山東省回來時，工人仍然在工地忙碌，但已經接近完工。這段期間共有十八名男性未曾間斷地勞動著，而承包商所給予的報酬卻僅僅二百零五點九二美元。在這種工作條件下，是無法靠動力打樁機完成工作的。此地所有平凡勞工的薪資水平都相當低。在十年前的浙江省，受雇的農用勞力每年可掙得三十銀元，還附食宿，現在則是五十銀元，分別約等於十二點九與二十一點五美元，換算為美國的月薪顯然低得多。在山東省的青島，傳教士每月付給中國廚子十銀元，男性雜役的工資是每月九銀元，負責縫補與其他家務的廚師妻子則是每月兩銀元，全都住在家中，吃住靠自己。這些工作包括採買、整理花園與草坪，以及房子裡的所有家務，薪資約等於每月九點零三美元。來到中國的傳教士發現這樣的僕人既可靠又令人滿意，而且把錢包與飲食採買都託付給僕人，認為他們不僅正直，而且在市場殺價的功夫比自己高明。

我們請一間英國大型造船與維修公司的工廠製作了一根土壤取樣管，這間公司雇用數百名中國技工操作最先進、最複雜的機械。領班表示，一旦技工熟練到足以接洽訂單時，工作表現便會比蘇格蘭與英格蘭的一般工人更加出色。江蘇省的蘇州火車站有位受過教育的中國售票員，每月可領到十點七五美元的薪資。我們詢問到福音醫院（Elizabeth Blake hospital）該怎麼走，而他自願帶我們前往，路程超過一點六公里。對於我這個毫無瓜葛的陌生人，他完全不求回報。

我們在中國所到之處，勞工看起來都很愉快又滿足，而且顯得營養均衡。工業階級的組織完善，數百年來都擁有自己的同業公會與工會。無論中國、日本或韓國，我們在這些人口稠密之處都未曾看見酒鬼。無論各種階級都會抽菸草，男女皆然，而在中國營運的英美菸草公司每年都有數百萬美元的收入。

城市街道上最常見的景象，便是熱食與蜜餞的流動攤販。火爐、燃料、食材與用具都可以透過一根搖擺的扁擔挑上肩。經過世代傳承、既簡單又有效的方法印上花樣的棉布衣，吸引了我們的注意力。印刷工站在簡陋的工作台旁，工作台上放著一塊沉重的方形大石，用來當作鎮物以固定被塗滿漆的硬紙板，紙板剪成不同花樣，印在衣服上便成了白色的輪廓。

石鎮旁有一罐用石灰與黃豆粉混合製成的濃稠漿糊。用來研磨黃豆的是同間室內一角的小石磨，看起來就像圖 51 所示用具的縮小版。驢子在唯一的住所裡不斷推著石磨工作著，休息時便駐足在馬槽前大快朵頤。

印刷工的右邊擺著一捲固定的白色棉布，將棉布展開後便放在印刷模板下方，並透過鎮物固定。準備印刷時，就把模板抬起，將布料壓在下方，將著以槳型棒把漿糊迅速抹在表面，便會從透過模板的開孔滲到下方暴露於開孔下的衣服上，使模板圖樣印製在這捲棉布的其中一段。接著將模板的另一端抬起，使棉布溜到一定的距離之外，再把模板放下準備印下一塊布。漿糊會在布面上乾燥，等到將這捲布浸

圖 51：用於研磨豆子與各種穀物的常見石磨。

圖 52：在農村中鋪整四匹棉布用的經紗。

入藍色染料之中，受漿糊保護的部位就能保持潔白。透過如此簡單的方法，幾世紀來已經為數百萬孩童印製棉布衣，乾燥室的天花板也掛著數百張圖案不同的的印刷模板。

在美國的大印布廠中，每分鐘可以印製數百碼的布匹，其中的技巧與化學手法跟這種原始方法之間，只有運用與調度上的細節不同，基本原則還是相同。

在我們曾造訪過的所有城外郊區，在沒有起風的舒適早晨，都能看到有人在鋪整紡織棉布用的經紗，準備稍後在農家中用來織布。我們常常在大清早、在許多地方看見這項工序，通常都在路邊或開放的場所進行，如圖 52 所示，但只有早上看得見。當經紗鋪整好，便會捲在拉伸器上拿進屋裡紡織。

在江蘇省的許多地方，可以看見農地上挖出許多大型染坑，坑中鋪上水泥層，坑徑有一點八至二點四尺寬，深度約一點二至一點五公尺。曾有一組多達共九座染坑。有些染坑會用整齊地遮蔽在藤架下，

圖 53：覆蓋在交織藤架下的兩座染坑，現在已經改變用途，拿來當肥料儲存槽。後方的樹林是典型的竹林叢，在農家周圍相當常見。

如圖 53 所示。但這些紡紗、編織、染色與印刷產業近年來已經被外國製的便宜印花棉布所取代，而且大部分的染坑如今早已挪做他用，圖中的兩座坑現在是用來裝肥料。但就我們的口譯員表示，有愈來愈多人開始對外國製品怨聲載道，因為並不耐用；我們還在許多地方看見染上藍色的大量衣物披在墓地上晾乾。

父與子的鋪棉之曲

我們觀察另一家人將近一小時，發現一種使棉花蓬鬆並且鋪整為床墊與被褥的方法。我們不必進入屋內便能看見這項作業，因為農家同時也是工坊，正對著狹窄的街道敞開。在夜間用來關門的厚重木門板約有零點六平方公尺，放在可以活動的支撐物上就能當作工作台。工作台與走道之間幾乎沒有空間，無法在不影響動線的情況下工作，而在另外三邊也只有九十到一百二十公分寬的地板空間。祖母與妻子坐在後頭，四名孩童則在裡外遊玩。

占據兩側空間的是裝滿原棉的桶子與工作用具，後頭應該還有廚房跟臥室，但並沒有看到門。完工的床墊仔細捲起並裹上紙張後，就吊在天花板上。

在台面離地六十公分的臨時工作台上，從我們一大清早來訪前就堆滿大量的柔軟白棉花，面積有零點五平方公尺大，足足三十點五公分厚。父親與十二歲的兒子位於工作台兩邊，分別撥動沉重竹弓上的弓弦，彈動棉花團當中的棉絨，並拋在逐漸擴大的床墊表面上，一層層均勻鋪疊，兩條弓弦同時也發出比蜂鳴聲更低沉的音調。沉重的弓以繩索綁在操作者的身體上，讓他能夠單手操作並在工作時自在地移動。藉此方式，便可迅速地彈動棉絨，也能精巧又均勻地鋪設。

從棉花桶中反覆取出小撮棉花，將棉絨熟練又一致地鋪滿表面，床墊就變得愈來愈厚，而且擁有俐落的垂直線、筆直的邊緣與方正的角落。

透過這種方法，便能形成完全一致的質地，使墊體經壓縮為均勻的厚度，不會有某處特別硬實。

製作床墊的下一步更加簡單又迅速。一籃粗略繞好的棉線軸桶放在祖母身旁，應該是她手工捲製的。父親從牆邊拿起有如釣竿狀、長達一百八十公分的細長竹竿，並挑了其中一根線軸，將線股穿過較小一端的孔眼。一手拿著竹竿與線軸，另一手拿著穿過孔眼的線股另一端，父親把線繞過床墊交給兒子以手指勾住，再牽到棉花床的其中一邊。此時，父親將竹竿揮回自己這一側，並用手指抓住線股，固定在兒子另一側的棉花上。

如此便鋪好了一條雙股線，而竹竿在床墊上來回揮動，父子二人以每分鐘四十至五十回的頻率不斷抓著線股固定在棉花上，不出多少時間，床墊表面就鋪滿了雙股線。接著將一根沉重的竹滾筒放在中間的線股上，仔細地穿至一邊，再穿回中間，接著穿往另一邊，隨後將另一層線股沿對角鋪好，並以同一根滾筒壓實，再沿另一對角重複，最後則是沿雙向筆直地穿設。而在鋪展棉花前，早已在桌面上鋪好了類似的線股網。

接下來，使用一個平底、圓形、淺籃狀、直徑有六十公分寬的物體，輕輕地將棉花從三十點五公分厚壓實為十五點二公分厚。將織線從床墊邊緣翻過來並縫實，父子二人再以兩個直徑四十七點五公分的厚重木盤將棉花壓到剩下七點六公分厚。剩下來的工作便是仔細摺好床墊並以油紙包好，就可以掛到天花板上。

熱鬧的市場景觀

當我們在三月二十日造訪蓬路（今塘沽路）與南京路市場時，首次對於蔬菜在中國人日常飲食中扮演重要的角色感到驚訝。我們觀察到成隊的手推車從運河邊來到街上，上頭堆著一束束綠油油的油菜，尖得像小山一樣，每束都有三十公分長、直徑厚達十二點七公分。這些油菜都是從農村搭船運來，每艘船上都載著幾噸粗莖厚葉的蔬菜。我們在街上數著，總共與五十位車伕魚貫擦身而過，每輛推車運著約一百三十五至二百二十五公斤的油菜前往某處，步伐之快讓我們想跟上都覺得吃力，就好像我們追著火車朝目的地跑了二十分鐘一樣。這段時間內，車隊中沒有任何一位車伕慢下腳步。

油菜田的範圍極廣，趁著菜莖還嫩時便從尖端收割食用，可以像高麗菜一樣水煮或清蒸。也有菜販會將大量的油菜加鹽醃漬，比例大約是四十五公斤的油菜對上九公斤的鹽。油菜與許多其他蔬菜都會先這樣醃好再販賣（圖 54），很適合下飯，烹煮與上菜時也不必再加鹽或另外調味。

還有另一種廣泛種植的苜蓿作物跟美國的紫花苜蓿很像，除了拿來食用以外，也能作為土壤的氮肥，圖 55 便是兩片種植苜蓿的苗床。在苜蓿開花前便將莖部的嫩尖採收，可以水煮或清蒸後食用，外國人都稱之為「中國苜蓿」。

圖 54：以幼嫩油菜製成的「醃菜」，在上海的蓬路市場販賣。

圖 55：菜園裡種植的兩塊中國苜蓿苗床，當季時可以供人食用，之後則當作肥料。

這種植物的莖部也可以煮熟後曬乾，以保存至非當季才食用。如果在極幼嫩時採收，中國的富裕人家會願意額外付高價收購嫩芽，有時每磅價格高達二十至二十八美分。早市裡滿是前來採買的人，如此擁擠的人潮加上五花八門的蔬菜，簡直跟倫敦的比林斯蓋特魚市場沒兩樣。我們在下表中列出了市場裡所看見的蔬菜與價格。

蔬菜	價格（美分）	蔬菜	價格（美分）
蓮藕 / 磅	1.60	竹筍 / 磅	6.40
英國包心菜 / 磅	1.33	青橄欖 / 磅	0.67
白菜 / 磅	0.33	中國芹菜 / 磅	0.67
中國苜蓿 / 磅	0.53	中國苜蓿嫩苗 / 磅	21.33
橢圓白菜 / 磅	2.00	紅豆 / 磅	1.33
黃豆 / 磅	1.87	花生（peanut）/ 磅	2.49
紅皮花生（groundnut）/ 磅	2.96	黃瓜 / 磅	2.58
綠南瓜 / 磅	1.62	去殼玉米 / 磅	1.00
乾燥蠶豆 / 磅	1.72	法國萵苣 / 棵	0.44
蒿菜 / 棵	0.87	結球萵苣 / 棵	0.22
羽衣甘藍 / 磅	1.60	油菜 / 磅	0.23
葡萄牙水田芥 / 籃	2.15	Shang tsor/ 籃	8.60
胡蘿蔔 / 磅	0.97	四季豆 / 磅	1.60
愛爾蘭馬鈴薯 / 磅	1.60	紅洋蔥 / 磅	4.96
大棵白蘿蔔 / 磅	0.44	扁四季豆 / 磅	4.80
小棵白蘿蔔 / 把	0.44	洋蔥梗 / 磅	1.29
去殼皇帝豆 / 磅	6.45	茄子 / 磅	4.30

蔬菜	價格（美分）	蔬菜	價格（美分）
番茄 / 磅	5.16	小蕪菁 / 磅	0.86
小甜菜 / 磅	1.29	朝鮮薊 / 磅	1.29
乾燥白腰豆 / 磅	4.30	櫻桃蘿蔔 / 磅	1.29
大蒜 / 磅	2.15	結頭菜 / 磅	2.15
薄荷 / 磅	4.30	韭蔥 / 磅	2.13
白化種植西洋芹 / 束	2.10	豌豆苗 / 磅	0.80
豆芽 / 磅	0.93	防風草（歐洲蘿蔔）/ 磅	1.29
薑 / 磅	1.60	荸薺 / 磅	1.33
大番薯 / 磅	1.33	小番薯 / 磅	1.00
洋蔥芽 / 磅	2.13	菠菜 / 磅	1.00
去皮厚葉萵苣 / 磅	2.00	帶皮厚葉萵苣 / 磅	0.67
豆腐 / 磅	3.39	山東核桃 / 磅	4.30
鴨蛋 / 打	8.34	雞蛋 / 打	7.30
羊肉 / 磅	6.45	豬肉 / 磅	6.88
活體母雞 / 磅	6.45	活體鴨 / 磅	5.59
活體公雞 / 磅	5.59		

（註：一磅約等於零點四五公斤）

這份清單簡單列出市場在一天內所販賣的新鮮蔬菜，但其實遠不只如此，這裡不過記錄了我們在城裡所逛到某個街區從頭到尾的市場罷了。幾乎所有食材都以重量計價，至於該如何確認重量，每位客人都會自備一把秤，以便隨時可以在攤主面前秤重。這些秤都是舊式桿秤的模樣，但是在刻有刻度的細木棍或竹棍上以繩子掛著滑碼。

我們站在一旁，看著想買兩隻公雞的客人為了砝碼的數字討價還價。一旁蓋住的網狀竹籃裡有十幾隻活雞，客人一隻隻抓出來透過觸摸檢查，最後選了兩隻，並問好斤兩價格。攤主將雞的腳綁起來秤重，隨後喊出重量，客人則接著以自己的秤重新秤過。隨後便是一陣激烈的討價還價，雙方還不時比手畫腳，稍後客人將雞扔回籠子裡作勢離開，攤主則變得誠懇許多。客人最後又走回來，再次把雞抓到自己的秤上，並叫來旁人念出重量，接著以不屑的態度把雞拋向攤主，攤主則接過雞並放進客人的籃子裡。

爭論平息，攤主的兩隻雞賣得了九十二分墨西哥鷹洋。這兩隻可是大公雞，每隻應該都超過一點四公斤重，但客人買這兩隻雞只花了大約不到四十美分的錢。

竹筍在中國、韓國與日本都很常見，看見竹筍就代表以後這裡會長出像巨型蘆筍一樣的竹子，有些竹子直徑約八至十三公分、高度約三十公分時就會砍下。大量的竹子會被運到沒有竹子或非生長季的省分。我們在長崎看到的竹子大多來自廣州或汕頭，也可能來自台灣。竹子的形體與葉片可以為景色增添美感，尤其是像樹叢般群聚時。竹子通常是一叢叢地生長在住家周圍尚未利用的地點，如圖 53 所示。竹子跟蘆筍很像，都是在四至八月間快速生長，甚至能超過九或十八公尺高。幼苗從埋在地底的厚實莖部或根部竄出，根莖所儲存的養分能提供快速成長所需，生長初期在二十四小時內便能超過三十點五公分。雖然這種植物只需要一季就能成長完全，但需要經過三到四年才會成熟與硬化成木材質地，進而使莖部能夠適用於各種用途。

蓮藕是另一種從中國廣州到日本東京都廣泛食用與種植的食材。圖 56 圖右下方的便是蓮藕，圖 57 則是蓮藕在天然棲地從水中所盛開

圖 56：蓬路的菜市場，於四月六日攝於中國上海。下圖右方的大棵蔬菜就是蓮藕。

圖 57：盛開的蓮花池，可以取其厚肉的根部作為食物，如圖 56 所示的蓮藕。

的花。蓮花必須在水中生長，所以不能將種植蓮花的水塘排乾後用來改種水稻或其他作物，蓮藕也時常從產地送至其他地區。

豆芽、豌豆苗與各種其他蔬菜的幼苗，例如洋苗等，在中國與日本菜市場都相當普遍，至少在晚冬與早春時節都能買到這些食材。

薑也是另一種廣泛種植的作物，一般在市場內販賣的都是薑的根部。街道上最常有人叫賣的就是荸薺了，這種小球莖或厚肉鱗莖的形狀與大小跟小顆的洋蔥很像。農夫會將荸薺剝皮後，串在長度跟縫衣針差不多的細木棍上販賣。再來是菱角，生長在運河裡頭，結出的果實就像長角的堅果，也因為這種形狀而有「羚羊角」的別稱。

還有另一種植物稱為水草，又叫做筊白（Hydropyrum latifolium），主要種植在江蘇省，這裡的土地太過潮濕，不適合水稻。筊白具有軟嫩又多汁的葉冠，將較粗糙的外皮剝去，就像將綠色玉米脫去外莢一樣。可食用的部位是中央軟嫩的新生莖部，烹調過後就成為美味可口的菜餚。農民販賣筊白的價格是每斤（一斤為零點六公斤）三到四鷹洋，約合每一百磅（一磅為零點四五公斤）零點九七至一點二九美元，等於每英畝田地的收益約為十三到二十美元。

茹素飲食文化

市場食材清單中的少數幾種動物食材，並不能代表中國人飲食習慣中的動物植物食材比例。儘管如此，他們比起大多數西方國家算是極高度的素食主義者，而中國、韓國與日本農業的高生產效率，有大部分原因在於他們廣泛採行茹素飲食。《土壤肥沃與永續農業》的作者霍普金斯，在書中第 234 頁指出這項事實：**「一千蒲式耳（約三萬六千四百公升）的穀物，比起以等量穀物所產出的肉類與乳汁而言，具有多達五倍之高的食物價值，也能養活多達五倍的人口。」**

他也使世人關注洛桑研究所對於牛隻、綿羊與豬隻的成長與增肥實驗，實驗結果顯示牛隻所吃下每四十五公斤的乾料中，就有多達二十五點八公斤完全浪費掉，這部分都在火爐的燃燒過程中像木頭灰燼般逸散到空氣之中。四十五公斤中的另外十六點四公斤則成為排泄物，只有二點八公斤會被吸收。換成綿羊的話，則這三種數據分別為二十七公斤、十七點六公斤與三點六公斤；若換成豬隻，數據則會變為二十九點六公斤、七點五公斤以及七點九公斤。但儲存在動物體內的物質，只有三分之二會成為人類的食物。因此，牛隻每吃下四十五公斤的乾料，只有一點八公斤會成為人類所吸收的食物；以綿羊來說只有二點二公斤；以豬隻而言則是五公斤。

綜觀如此經過嚴謹研究所建立的科學事實，這些古老民族許久以前便捨棄將牛隻當作乳品與肉品的來源；綿羊也只用於提供毛皮，而非作為食物；只有豬隻仍然扮演將粗物料轉變為人類食物的中間角色，這等睿智著實出色。

將鮮美多汁的蔬菜作為人類的食物，顯然能帶來許多優點。成長至此階段的蔬菜較容易消化，可以促進排除動物殘渣。蔬菜的氮含量也較高，可以補充肉類攝取量不足所造成的短缺。藉由將土壤用於種植人類能夠直接消化的蔬菜，便可以省下每四十五公斤動物肉類所必定造成高達二十七公斤的物資浪費，並且使自身的排泄物回歸農田以維持土壤肥沃。

此外，廣泛利用蔬菜作為食物，能夠促進作物的大量生產，因為蔬菜的生長期較短，同一片土地便能利用輪作，產出更多作物。而且在晚秋與早春時節，由於太過寒冷，日照時間也很短，並不利於作物完全成熟，但仍能夠產出蔬菜。

第七章

燃料問題、建築與紡織材料

隨著將耕地作物作為食物、衣物、家具與繩索的原料需求日漸俱增，**在人口不斷增加的情況下，改善土壤管理也變得更加重要**。礦物燃料的成本不斷增加，最終可能耗竭；對於木材與紙張的需求持續提升，使樹林急遽消失；樹木的生長原本就很緩慢，再加上全世界的林地生長區域有限，在幾度短暫的循環過後，原料需求轉移至農業物料上的時間必將到來，因為除了用於製造紙張與木材以外，也能當成燃料使用。而即便徹底利用每條匯集入海的河川，縱使在風力與潮汐能的助長之下，仍然無法完全滿足未來對於電力與熱能的需求；因此，在科學與工程技術成長至足以轉換圍繞在我們身邊的無限空間能量，並同時使經濟活動趨近於目前的作物經濟之前，全世界的部分電力與熱能需求都必須訴諸於良好的土壤管理。

當這番說法在一九〇五年出現時，我們並不知道中、日、韓數百年來人口如此密集的國度，早已透過尋常的農耕方法，種植各種作物來滿足燃料、建材與紡織品的需求，而這些解決燃料問題的方法既直觀又簡單。透過衣物節省不必要的取暖燃料消耗，以及將無法食用的作物粗莖用來燃燒、餵養動物或用做他途。在運輸距離內無法耕種的土地上種樹，並將木材燒製成木炭，使長距離運輸變得更容易。

讓所有人都能普遍使用礦物燃料，例如煤、焦炭、石油與天然氣等，是直到最近這一百年來才得以實現的事。然而，**中國各地早在古時候就開始使用媒、焦炭、石油與天然氣**。超過二千年來，都會將四川省多處深井的鹵水，透過燃燒井中的天然氣來蒸發，再利用竹管引至鐵鍋中燒製井鹽，而四川省其他地區也會透過炭火將水分烤乾。據亞歷山大・霍西（Alexander Hosie）估計，四川省的食鹽年產量超過二億七千萬公斤。

此地在某種程度上也透過燒煤來保持室內暖和，燒煤的煤坑埋在地板中，煙霧則會四散而去。我們二月時也在橫濱郵局看見相同的加熱方法。將柴火置於開口超過六十公分寬的火盆中，一共三個火盆直接擺在室內。

我們在中國跟日本都曾看見將煤粉加入少許黏土，捏成像柳橙大小的作法；也會在木炭中添加製作米漿時所剩下的副產品（米湯），用來提供黏性，再捏成類似形狀，如圖 58 所示。在南京，我們還看見另一種製作木碳球的有趣方法。一位工匠坐在店鋪的泥土地上，旁邊有一堆木炭粉、一盤米湯，還有一盆浸濕的木炭粉。兩腿中間放著沉重的鐵製模具，裡頭有個錐形，深度有五公分、頂部開口有六公分寬，還有個重達幾磅的鐵鎚。他左手拿著又短又重的敲擊工具，右手捏了一撮浸濕的木炭放在模具裡，接著用鐵鎚在敲擊工具上精準地搥三下，把浸濕、黏稠的木炭壓成緊實的木炭層，接著再加入一撮木炭粉，重複以上步驟直到填滿模具為止，最後把木炭球給敲出來。

透過最簡單的結構，工匠只利用些許的氣力便對木炭施加巨大壓力，堪比我們以最精良的油壓工法所產生的壓力。他所採用的原理是重複施加少量衝擊，這種作法近期才剛取得專利，並且運用在美國大

圖 58：以米湯或黏土將木炭球壓製成團塊，以作為燃料使用。

型的高效棉花與乾草壓裝製程中，比起一次加入大量物料而言，這種少量壓製的作法能使物料的密度更高。中國人在此就跟其他千百種工法一樣，妥善運用了機械原理。

穿著冬季服裝的山東農民（圖 16〔P.42〕）與圖 59 中的江蘇婦女，都是能有利於身體發熱的典型裝扮，藉此將使身體保暖所需消耗

圖 59：穿著冬裝的江蘇農村婦女。

的食物量降至最低。觀察農民身上填入厚墊料與襯料的罩衫、長褲上在腳踝部位也有類似的填料、雙腳上包著好幾雙襪子，布鞋上還加了厚實的毛氈鞋底。這種具有墊料、襯料、腰帶與繫繩的服裝，可以將包覆其中的空氣充當保暖衣料的一部分，因此在節省成本的情況下提升溫暖程度，同時也不會增加服裝的重量。這些外衣下方還穿了幾件不同重量的衣物，即便在最寒冷的天氣裡也能充分保暖，並且可以隨著溫度變化增減衣物。中國內地會（後改為海外基督使團）的埃文斯牧師（Rev. E. A. Evans）多年來居於四川省的順慶，據他估計，農民在購買整套服裝後，每年的維護費用約等於二點二五美分，其中包括修補與換新用的材料費。

火炕的靈活運用與效益

這些人普遍實行密集的個體經濟活動，其延伸至個人最微小的層面，藉此使東亞民族在漫長歷史中維持自身的強大實力，而他們對燃料問題與其他事務的應對方式也能表現出如此特性。吳夫人在浙江省擁有一塊二十五英畝的田地，她的家中有一座兩公尺見方、高七十一公分的石炕，冬季時可以在裡頭燒火取暖。石炕頂端在白天會放上草蓆當作沙發，晚間則可以在炕上鋪床。

我們在山東省造訪了一位富裕的農家，發現家中的兩間臥房各有一座炕，可以利用廚房的餘熱來加溫，廚房煙囪則先水平通往兩座炕的下方再轉向屋頂。這兩座炕的寬度足以在上頭鋪床，高度大約七十六點二公分，是以三十公分見方、十公分厚的磚頭所砌成。製作磚頭的泥土則是取自農田裡的底土，先揉捏成可塑型的土塊，與粗糠及短稻草混合後日曬乾燥，再疊在相同材質的灰漿之中。因此，這些巨大的炕在白天能夠吸收廚房所排出的餘熱，不但在白天能散發出同等的溫暖，到了夜裡也能使床鋪與臥房保暖。

在某些東北地區的旅店中都有著巨大的炕，旅客睡覺時分成兩排，頭朝向同一側，彼此之間只透過矮擋板間隔。藉此能節省燃料至最大程度，旅客也有空間能坐在溫暖的火炕上，要睡覺時再鋪床。

煙囪炕床的經濟效益不僅限於保暖。泥土與稻草製成的磚頭經過發酵與收縮作用，會在三到四年後裂出許多孔洞，使氣流引導效果降低，還會造成煙霧困擾，因此必須汰舊換新。但是**歷經高溫、發酵並吸收燃燒作用產物後，磚頭中的底土會搖身一變成為珍貴的肥料，所以棄置後的磚頭便能用來製作田地的堆肥。**

根據我們的自身觀察顯示，將泥土加熱至攝氏一百一十度乾燥後，能使土中養分透過水分讓植物吸收的自由度大幅提升，而加熱作用無疑也會改善土壤的物理與生物條件。氮經過結合成為氨，煙霧與煤灰中攜帶的磷、碳酸鉀與石灰會滲入磚頭的孔隙，因此直接增加底土中的養分。來自木頭的煤灰經證實平均含有百分之一點六的氮、百分之零點二的磷，以及百分之五點三的鉀。在美國，我們會為了方便清理而焚燒大量稻草與玉米桿，使珍貴的植物養分隨風飄散，既草率又懶散地將這些人勞心勞力想節省的養分白白浪費掉。這些都是除了透過發酵所形成的硝酸鹽、可溶性碳酸鉀與其他植物養分之外的額外效益。我們在山東與直隸省都看見許多利用廢棄磚頭的例子，在農村街道上常常會看到成堆的磚頭，而且顯然是最近才拆下來的。

農田所能產出的燃料包括所有木本農作物的莖，若沒有更好的

圖 60：上海蘇州河（吳淞江別稱）上載運燃料的船隻，大多是一束束的稻草與棉桿。

圖 61：從運河上將作為燃料的棉桿運送至城裡市場的貨攤。

圖 62：將燃料稻草從船上運送至城裡市場的貨攤。

用途，大多都被當成燃料使用。稻草、棉花籽經收集後留下被連根拔起的棉桿、同樣是連根拔起的蠶豆、油菜與小米以及多種其他作物的莖，都綁成一束束地運到市場販賣，如圖 60、61 及圖 62 所示。這些燃料可用於居家用途或燒製石灰、磚頭、屋頂的瓦片與陶器，也能用於製作油、茶、豆腐與各種其他用途。當在家中使用這種又輕又體積龐大的燃料時，都會有個人（通常是小孩）坐在地板上，負責以一手添加柴火，另一手則利用風箱提供充足的氣流。

分工合作的家庭產業

製作棉籽油與棉籽餅是中國常見的家庭產業，而我們在其中一戶人家看見他們將米糠與稻草當作燃料。僅僅一樓高、鋪有磁磚屋頂的大平房，集店鋪、倉庫、工廠與住家的角色於一身，一家四口就在裡頭忙活，祖父負責監管磨坊運作，祖母主理居家與店鋪事務，賣著每磅二十二美分的棉籽油與每一百磅三十三美分的棉籽餅。

在店鋪與起居室後方的磨臼隔間裡，三頭矇住眼睛的水牛各拖著一座花崗岩磨臼，不斷將棉籽壓碎研磨。另外有三頭替換用的水牛在一旁或躺或吃，等著在每天十小時的工作中輪班。兩座磨臼的花崗岩磨石是水平擺放，直徑超過一百二十公分，水牛每繞一圈，上層的磨石也跟著轉一圈。第三座磨臼則是一對巨大的花崗岩滾筒，每的滾筒的直徑達一百五十公分、厚達六十公分，彼此以極短的水平軸心連接，每當水牛繞一圈，軸心便會在圓形石板上繞著垂直軸轉一圈。三座磨臼由兩位男性看管。

棉籽經過磨臼研磨兩次後再經過蒸炊，使棉籽油能夠輕易壓榨出來。蒸籠由兩個加蓋的環箍組成，底部具有網板，把棉籽糜透過開口放入蒸籠，再置於煮著滾水的鐵鍋上，蒸氣便能穿透棉籽糜。每份棉籽糜事先在勺子裡經過竹秤秤重，以確保每份棉籽餅的份量相同。

有個十二歲男孩坐在火爐前，不斷用左手以每分鐘三十次的頻率往柴火中添加米糠，右手則以完美的節奏前後拉動矩形風箱的長柱塞，維持柴火的風力流通。搬運燃料的男性每隔一段時間就會往火爐裡丟進一束稻草，男孩的左手臂唯有此刻才得以稍事休息。當蒸氣讓油脂充分液化後，就把熱騰騰的棉籽糜挪到有五公分深、環箍有二十五公分寬的竹籠裡，工人隨後扶著一對把手保持平衡，打著赤腳熟練地趁熱踩踏棉籽。篩上一些粗糠或短稻草將棉籽餅稍微分隔，在累積了十六籠的份量後，便交給四位忙碌的榨油工接手榨取棉籽油。

榨油器包含兩根平行並框在一起的巨大木頭，長度足以從間隙邊緣放入十六個棉籽餅蒸籠。透過三排平行堆疊的木頭楔子，再利用重達十一點二至十三點五公斤的木槌敲擊套有鐵塊的主楔子，對棉籽餅施加巨大的壓力。整排楔子會逐一敲緊，於當中騰出的空隙時，將主楔子抽出，再塞進更多楔子，爾後繼續敲緊。由於楔子時常因為承受壓力而破碎，為了確保有足夠的楔子能夠補充，年紀比添柴火男孩稍長的另一男孩正忙著在地板上削製新的楔子，而碎裂的楔子與木片也就送進火爐當燃料了。

藉由如此簡單、容易建造又廉價的機具，便能施加巨大壓力，而榨油工認為施加壓力足夠後，便點起菸斗坐在一旁抽起菸來，直到不再有油脂從榨油器滴進下方的油槽為止。在這段時間，會將下一批棉籽餅送進另一座榨油器中，從早到晚不停榨著油。包含六名大人、兩名男孩與六頭水牛的這家人，每天平均產量多達六百四十顆棉籽餅。

榨好的棉籽餅就當作飼料販賣，附近的中國酪農就用這些棉籽餅餵養他的四十頭水牛，如圖 63 所示，產出的牛乳則從上海外銷。這四十頭水牛的其中一頭患有白化症，平均每天總共能產出約一百二十公斤牛乳，平均每頭牛多達三公斤！

乳牛的乳房很小，但乳汁卻很豐富，就跟在熱心的亞瑟·史丹利（Arthur Stanley）醫師幫助之下，透過上海衛生健康委員會辦公室所做的分析結果如出一轍。牛乳的比重為一點零三，含有百分之二十點一的總固體量、百分之七點五的脂肪、百分之四點二的乳糖，以及百分之八的灰分。在南方長老教會（Presbyterian Mission）的哈德森牧師（Rev. E. A. Hudson）既親切又好客，我們曾兩度造訪他在嘉興的家，並且在餐桌上享用了由自家兩頭乳牛的乳汁所製成的奶油，其中一頭還生了小牛，如圖 64 所示。這些奶油就像豬油或棉籽牛油（cottonlene）一樣白，但質地與風味卻很正常，而且比飯店所使用的丹麥或紐西蘭製奶油更美味。

上海中國酪農所生產的牛乳經過裝瓶販售，每瓶重約一公斤，售價為一元或四十三美分。售價似乎有些昂貴，又或許是我的翻譯員搞錯了，但他給我的答覆是每瓶重零點九公斤，售價為上海銀元一塊錢，經過換算應為上述價格。

將農作物莖部當作燃料雖然很有用，但仍然無法滿足農村與聚落所需，更遑論撐起密集的經濟活動了。因此，廣大的丘陵地與山地也

圖 63：中國酪農所飼養的水牛，以提供牛乳給上海的外國人。

貢獻了一部分的燃料，如我們在中國南方所見，利用松樹枝來點燃石灰窯與水泥窯。在青島，我們看見騾子背上載著來自山東省丘陵地上的松樹枝燃料（圖 65）。在韓國，同樣會拿松樹當柴燒，而我們也在日本東京東邊的船橋市拍攝到大批松樹燃料堆的照片。

在鄰近人口稠密的平原附近，丘陵與山地長久以來都被砍得精光，因此時常鼓勵造林運動，甚至會移植為了造林而種植的苗圃，藉以維護林地。

我們讀過許多關於中國與日本濫墾森林的資料，而且除了寺院、墓地或住家附近受到保護的森林以外，幾乎見不到比較古老的樹林，而服務於鄰近蘇州的福音醫院哈登牧師（Rev. R. A. Haden）也宣稱，中國人是勤奮的造林民族，會藉由頻繁的造林來獲取燃料，在林地經過砍伐後，更會為了快速使土地恢復原貌而移植樹木，這使我們感到

圖 64：浙江省嘉興的水牛與小牛。

訝異，他大方地自願陪我們踏上西行兩天的路程，到山地農村見證這種作法。

我們僱了一艘船屋上路，船東一家人就生活在船上，家族成員包括一位鰥夫、兩位新婚的兒子，外加一位助手。他們負責送我們到目的地，並且供我、哈登先生與一位廚子過夜，費用是每天三鷹洋，我們只在夜間航行，白天則用來考察山坡地。

這位父親剛花了一百鷹洋的喪葬費、兩位兒子各五十元的婚禮費用，同時也為了迎接媳婦的到來，又花了一百元將船屋好生整修一

圖 65：從山東山區運至青島的松樹燃料。

番。總共三百元的開銷，使父親不得不貸款才付得起，其中一百元借款的利率是百分之二十，另外兩筆五十元借款的利率則高達百分之五十。向朋友借來的款項雖然不需要利息，但他也了解必須找個時機回報恩澤。

埃文斯牧師向我們說明，中國人在鄰里遭遇巨大經濟壓力時常會彼此伸出援手，其中一種方法如下。當某位鄰里需要八千元現金時，會準備一桌宴席，並向一百位友人寄出邀請函。大夥兒會知道這人家中並沒有婚喪喜慶，也理解他其實是需要資助。宴席的花費不高，而受邀前來的賓客每人會帶上八十元現金作為贈禮。受贈者通常會仔細記錄有送禮的友人名單，並擇日奉還金額。

還有另一種方法：當某人因故需要籌借二萬元現金時，他會召集二十位友人，眾人組成互助會以籌措這筆資金。若眾人同意，則每人繳交一千元現金給會頭。眾人抽籤決定後續收受還款的第二、三、四、五位人選，以此類推。借款人爾後便有義務監督這些款項準時支付。互助會偶爾會收取少量利息。

中國的利率非常高，尤其是在總額較小、擔保欠佳的情況下。埃文斯先生告訴我，每月百分之二的利率算是很低，常見的利率大多是每年百分之三十。許多債權義務永遠還不清，但負債並不會失效，而且可能父債傳子。

這艘船要價二百九十二點四美元，年收入大約一百零七點五至一百二十點四美元。喪禮費用四十三美元，兩位兒子的婚禮花費超過四十三美元。他們六人的服務每天要價一點二九美元。一次租用兩星期或一個月的價格較低，若以一年工作三百天、賺得總收入為一百二十點四美元換算，每天只賺得四十點十三分，平均每人不到七美分。因

圖 66：中國運河上，一家人利用居住的船屋載運乘客。

此，我們此行等同他們生意好時的兩個工作天。上海與其他城市的外國人時常租用船屋服務長達兩星期或一整個月，就在運河或河川上航行，他們覺得是很令人享受的野餐郊遊，費用也很低廉。

取之於山林的燃料

隔天早上，我們來到景色如圖 67 所示的山坡地，一路往山上延伸的帶狀砍伐地上，樹木生長期從二年到十年不等，通常會與筆直的邊界及不同樹齡的樹木產生強烈對比。有些狹長地帶的寬度還不足九點九公尺，而我們走了滿長的距離，其中有塊地才剛剛砍伐過，有許多年輕的松樹正快速成長。在九公尺寬的帶狀區域上，有塊寬達約二公尺的區域，裡頭種了多達十八棵幼嫩的樹。這塊地上的一切幾乎都被砍個精光，甚至連樹幹殘株與較大的樹根都被挖起來當作燃料。

圖 68 可以看見從砍伐帶運入村莊的一捆捆柴火，雖然這些燃料已經曬乾，但葉子還留在樹枝上。樹根也一樣跟樹枝綁在一起，一點也不浪費。我們在前往山坡地的路途上遇見許多人，肩上搖晃的扁擔裡都裝滿柴火。

根據對這些山坡砍伐帶的造林調查顯示，為了取回樹根所進行的廣泛挖掘作業，常使得散落的種子或殘根能快速長出新生樹苗，因此不太需要廣泛種植樹木。我們詢問一群人，哪裡可以看見用來移植到山坡地上的樹木，一位七歲小男孩最先明白，並自願帶我們前往苗圃。到達目的地後，他收到一點零錢作為回報，因而開心不已。圖 69 是其中一小片松樹苗圃，還有許多樹苗種在林地中的合適地區，這些樹苗是用來填補靠樹木自然生長尚無法補足的地點。男孩帶我們到另外兩塊苗圃地，雖然距離他家有好一段距離，但他顯然熟門熟路的。草本植物總是很快就在新砍伐的土地上冒出芽來，而最後也會被砍來當作燃料或作為堆肥、綠肥等用途。

生長在墓地上的草，倘若未用來飼養動物，也會被砍下作為燃料用途。我們在上海郊區看見許多次了，其中一次是母親帶著女兒，身邊有草耙、鐮刀、竹籃與袋子，正在收割墓地上一季所留下的乾燥殘株與青草，但草量比我們在美國剛除完草的草地還要少。圖 70 可以

圖 67：蘇州西邊陡峭山地上的狹長砍伐帶。

圖 68：江蘇省蘇州西邊山坡地上所砍下，用來作為燃料的一捆捆松樹枝與橡樹枝。

看見一名男性挑著割完的草返家，手中是遠東地區常見的草耙，將簡單的竹片彎成像爪子形狀再固定好即可，如圖中所示。

在山東省、直隸省與東北地區的小米桿，尤其是高粱桿，都廣泛作為燃料或建材使用，也會編織成擋板、圍籬與草蓆。高粱在奉天（今瀋陽）作為燃料的售價為每一百束高粱桿二點七至三鷹洋，每束重量為四點二公斤。每英畝的高粱可產出約二千五百二十公斤的燃料，高粱桿長度約為二百四十至三百六十公分，因此當利用騾子或馬匹載運高粱桿時，幾乎完全看不見底下的動物。在中國與日本的不同地區，產自農作物的植物桿燃料售價從每公噸一點零三至二點八五美

圖 69：在蓊鬱樹林裡，被蕨類植物所圍繞的一小片松樹苗圃，將用來補充經過砍伐的山坡林地。

圖 70：上海一位剛從墓地割完草的男性。

元不等。南京產的無煙煤價格為每公噸七點七六美元。乾燥橡木重量為每考得（cord，英美木材計量單位）一千五百七十五公斤，而等重的植物桿燃料售價為二點二八至五美元。

這些農村將大量木材燒製成木炭，再以粗草蓆打包，或是裝進以小樹枝編織成容量約七十二點七至九十點九公升的簍子送往市場販賣。至於沒有燒成木炭的木材，便會鋸成三十至六十公分長、劈開後再一束束綑起運到市場。

圖 71：一束束作為燃料的高粱桿運往山東膠州市場。

在東北地區從奉天往安東（丹東舊稱）的鐵路沿線，也會運送砍成一百二十公分長的木材燃料。在韓國，牛隻會披上特製的鞍，用來載運一整批一百二十公分長、足足延伸至身體兩側的木材。就如同我們在中國所到之地，倘若不是在小塊的私有土地附近，山坡與地面上的樹木幾乎都稀疏零落。在四散的松樹之間常穿插著橡樹，但卻不高大，顯然生長時間不超過兩三年，而且似乎常重複砍伐。我們在韓國看見許多樹葉幼嫩的橡樹枝，都被運到稻田中作為綠肥。

在中國東北的奉天到安東、韓國的義州到釜山，以及我們旅經日本的多數地區，像是從長崎到門司以及從下關到橫濱之間，都能看見許多定期砍伐樹木的跡象。這些國家的造林運動發展相當快速，私有土地也會每十年、二十年至二十五年砍伐一次。當木材出售時，買家要支付每匹馬四十錢（sen）的運費，而每匹馬可載上四十貫，或等同一百四十八點五公斤的木材，如圖 72 所示。日本明石實驗站的小野站長告訴我們，當地的木材每十年砍伐一次以作為燃料，每英畝林地每十年可以換得約四十美元的收益，但若是適合種植柳橙果園的土地，每英畝收益便會多達六百美元。

圖 72：從日本山區林地運下來的柴火。

這些林地的樹蔭下也會廣泛種植蘑菇，每英畝的蘑菇售價在產量好時約有一百美元。

日本的林地覆蓋總面積，不包含台灣與庫頁島（日人稱樺太）在內，為五千四百一十九萬六千七百二十八英畝，其中私有土地不到二千萬英畝，其餘土地皆屬國家與天皇所有。

在這些國家除了木材以外，還使用各種其他材料作為建築素材，而且透過可更地種植的許多都能拿來取代木材。如圖 7（P.35）所示的箱根村莊，將稻草用於建造屋頂，是在種稻地區相當常見的作法，甚至連房屋的牆壁都能以茅草所搭建，我們在廣州三角洲就曾經見過，屋內冬暖夏涼。然而，這類茅草屋頂的使用壽命短暫，每三到五年就必須翻修，但用過的舊稻草倒是很有價值，可以為耕種的田地施肥，也可以作為燃料，再將灰燼回歸農田。

讓人富足的原動力

由於黏土既普遍又方便，所以黏土燒成的瓦片也是常見的屋頂素材，尤其用於城市或公共建築上。直隸與東北地區的小米跟高粱桿可以單獨使用，或混入塗抹用的灰漿裡，如圖 73 所示，有時也會與石灰混合，用來塗抹在大城市郊區外的諸多房舍上。

我們在中國東北的焦頭看見小米桿搭成的茅草屋頂，並且也以高粱桿來取代木材。房屋的椽架是以一般方式搭建，上面蓋著一層五公分厚、去除葉片與上緣的高粱桿。將高粱桿編在一起並綑上椽架，就變得像草蓆一樣。接著，在表面塗上一層薄薄的黏土灰漿並仔細抹

圖 73：小米桿搭建而成並抹上灰漿的茅草屋頂、泥製煙囪、抹上泥土灰漿的屋牆，以及用黏土與粗糠灰漿所砌成、用來存放蔬菜過冬的土窖。

平，直到滲入下層表面為止，上頭還要覆蓋二十公分厚的小米桿，小米桿從根部切斷，長度有四十五點七公分，並且在浸水後鋪成像木瓦一樣，但桿的底部要朝向從屋頂肩部突出的斜面上方，將鋪設脈絡隱藏起來。在品質較好的房屋，會在茅草上再抹一層泥土灰漿或混合石灰的灰漿，如此較能抵抗大雨沖刷。

我們所看見正在建造的房屋，牆上同樣也鋪著高大的高粱桿。由間隔九十公分的大小梁柱所搭成的普通框架佇立在基石上，並且搭上乘載屋頂的底板。一層高粱桿直立地倚靠並捆在小梁上，結構外層抹上薄薄的泥土灰漿，另外還有一層高粱桿則捆綁在小梁的內側，並且也抹上灰漿，覆蓋在房屋的牆壁內面，使小梁內的形成封閉空間。

房屋建材廣泛使用以泥土製成並日曬乾燥的磚頭（圖 74），並以粗糠與短稻草作為黏合素材。圖 75 便是利用這種磚頭所建造中的

圖 74：風乾後用於建造房屋的土磚。

圖 75：以經過燒硬的磚頭打出房屋地基，牆壁則是以圖 74 的日曬土磚所砌成。

房屋，圖中看得出來房屋地基鋪有形狀結實並經過燒硬的磚頭，是預防地底濕氣透過毛細現象竄升並導致泥磚軟化的必要措施。

在我們沿白河上溯途中，看見幾座以黏土與泥土所搭建、用於燒製磚頭的磚窯，周圍堆滿一束束作為燒窯燃料的高粱桿，涵蓋著河岸後方二百四十公尺的範圍。

由於燃料取得不易，以至於當地使用了大量未經燒製的磚頭，並且採用各種方法來減少建築工程中所需要用到的燒磚數量。圖 76 所示建物便是其中之一，圍繞嘉興市的城牆，是以四層經過燒製與單純日曬的磚頭所交疊而成。

除了能當作食物、燃料與建材使用的多功能農作物之外，還有

圖 76：白河邊以泥土與黏土砌成的磚窯，並利用高粱桿作為燒窯燃料。

大片土地用於種植紡織品與纖維製品所需的原料，而且年產量相當豐富。在日本，只靠著稍微大於五萬四千三百九十平方公里的可耕地養活了大約五千萬人，而光是一九〇六年就產出超過三千三百九十七萬五千公斤的棉花、大麻、亞麻以及苧麻紡織品，共占據了七萬六千七百英畝的可耕地。有十四萬一千英畝的面積種植了五千一百七十五萬公斤的楮樹與結香（日本稱三椏），用來作為紙張的生產材料。另外有一萬四千英畝可耕地種植了四千一百四十萬公斤的草蓆素材，還有九十五萬七千英畝的土地用來種植餵養桑蠶的桑樹，為日本產出了一千零七萬五千四百零九公斤的蠶絲。

這裡有四千八百一十七平方公里的可耕地，共超過一億三千五百萬公斤的纖維與紡織品，使生產糧食的土地縮減至四萬九千八百二十一平方公里，而其中還有十二萬三千英畝的土地用來種茶，在一九〇六年產出二千六百五十萬五千公斤的茶葉，產值將近五百美元。

但以上並不足以表達這五萬五千二百二十一平方公里可耕地的所有生產力，因為除了先前列舉的食物與其他素材外，稻草編織與木製產品帶來了二百三十五萬五千美元的產值；稻草袋、包裝盒與草蓆有六百萬美元的收益；竹製、柳木製與藤製品也創造了一零八萬五千美元的價值。

我們在了解這些人密集的家庭產業時可以將這項事實納入考量，日本多達五百四十五萬思千三百零九戶的農家，光是透過家中的副業製品，就在一九〇六年創造了二千零五十二萬七千美元的產值。倘若在中國與韓國也有相對的統計資料，便能顯示這兩國同樣也徹底發揮了農業的可能性。

西方文化在機械發展的耀眼光彩下，使大眾幾乎將浪費成性的文化奉為圭臬，而東方民族歷經數百年來的壓力所催出如此令人讚嘆的經濟、勤勉與節儉傳統，在觸及西方文化時必不該失其骨氣。**無論在哪個國家，都應該以更崇高的觀點來看待勞動力，並且將經濟、勤勉與節儉視為必要且令人富足的原動力。**

廉價、迅速的長途運輸已經開始在東方國家發展，這將使得各地所蘊藏的大量煤礦與水資源受到更充分的運用，並得以暫時紓緩燃料需求的壓力，也能在更妥善的林地管理之下，緩解在建材方面的壓力。然而全世界正受到更全面、更充分的開發，必然將觸及中日韓等東亞民族長久以來所致力依循、既深遠又徹底的習俗，這天再過不久便會來臨。

當這些國家豐富的水資源受到妥善利用，並以電流般的形式跨越山丘、峽谷與平原時，將能擴及偏鄉農家，減少勞力的負擔與需求。若真是如此，如今在家庭的帶領與倡導下所投注於副業生產的人力效率將進一步提升，讓孩童不再需要進入擁擠的廠房，而是在最好的家庭環境下長大成人。

第八章

走訪田野

三月三十一日早上八點，我們搭乘上海往南京的火車前往位於上海西邊五十一點五公里處的崑山，準備在這天走訪田野。往南京的距離為三百一十點七公里，二等車廂票價為一點七二美元，每公里不到一美分。雖然椅子沒有座墊，但服務還不錯，餐點可以選擇中式或外國風味，還可以搭配茶、咖啡或熱水等飲料。火車上定期提供濕的熱擦臉巾，同時也販售多家中國日報。

在崑山近郊，法國天主教佈道會以每畝四十鷹洋的價格收購了一大片農地，約等於每英畝一百零三點二美元。

我們在此首次近距離目睹中國如何廣泛使用河泥作為肥料。我們走在田野間，眼前景象如同圖 77 的中段所示，右邊有個曾在圖 48（P.97）中看見的蓄水池。

農民站在裡頭舀出堆積在底下的淤泥，並倒在蠶豆田的田埂上。稀疏的淤泥在邊上堆到五公分高，並流到蠶豆田裡，且蔓延了近十公尺的距離，將豆子如圖中所示掩蓋起來。等到水分乾燥得差不多了，再把淤泥鋪在豆子上，如圖上段所示。圖中有三位農民正將乾燥後的淤泥鋪在一排排豆子中間，並非要為蠶豆施肥，而是要滋養接下來在採收蠶豆之前，在兩排豆子中間所種植的棉花。

我們與正在監工的地主聊過，他表示每畝田的蠶豆產量通常會有一百八十公斤，並且趁蠶豆還青綠時便去殼賣出，每斤售價為墨西哥鷹洋兩分。依此計算，每英畝地的收益為十五點四八美元。假如需要為土壤添加氮肥或有機物質，便會在採收蠶豆後將豆藤摘下，與濕泥混合作為堆肥。若不需要，則會把乾燥後的藤莖捆成束，當作燃料販賣，或者拿回家中當作柴火，再將灰燼倒回田裡。因此，在輪作時很適合先種植蠶豆，既能當作食物，又能作為肥料或燃料使用。

圖 77：上圖，三位農民正將河泥鋪在蠶豆田的一排排蠶豆之間。中圖，位在最右邊的農民正從如圖 48（P.97）所示的蓄水池挖出淤泥。下圖，一簍簍運河淤泥沿路傾倒在河岸兩旁，每英畝地的淤泥超過一百零二公噸。

淤泥的收集與利用

這位農民每天支付工人一百枚銅錢，並且提供餐食，他估計餐費約為二百枚銅錢，而工人每天十小時可帶來十二美分的收益。依照我們所看到每一簍的淤泥量，估計每人每天搬運至少八十四簍重達三十六公斤的淤泥，每趟距離平均為一百五十公尺，每運一公噸淤泥的成本為三點五七美分。

圖 77 下段是堆在我們所行經路旁的淤泥，圖中淤泥長度已經超過一百二十公尺，是同一人在拍攝當天早上十點以前就堆好的。他趁著河水退潮露出淤泥之際，從三公尺深的河底挖泥，而他運到田裡的淤泥已經超過一公噸。

用來運泥的竹簍形狀很像畚箕，以兩條繩索固定在扁擔的側邊掛著，再用手抓著後方的握把來穩定畚箕，只要將竹簍傾斜就能倒空。藉由這種構造，便很容易將泥土耙進竹簍，要倒空泥土也很輕鬆。

對這位擁有土地不算太大的農民而言，這已經是最方便、最廉價的工具了。在開挖數英里長的運河與建造堤壩的過程中，都是以如此簡單的方法來搬運泥土。

我們在上海所看見由排洪水道運入蘇州河的淤泥，也是在退潮期間透過相同方法來清運。

在另一塊田地（圖 78），每英畝面積上有超過七十一公噸的河泥，農民告訴我們若能取得其他較便宜的肥料，大約每二年便會重新鋪設一次河泥。

從圖 78 的下半圖可以看見，河泥是從這段河道上同樣以河泥製成的三條階梯搬運上來，這種階梯在我們行經運河途中隨處可見。為了方便收集較淺運河的淤泥，會在河中兩處建起暫時的河壩，再將河壩中間的水舀出或汲出，露出河床。

在上半圖中央背景處，運河對面那座大墳塚的泥土便是以這種方式所收集而來。

圖 78：剛堆上河泥不久的農田，每英畝的河泥超過七十一公噸；用於搬運河泥的階梯如下半圖所示。

善用河水裡的肥料

在浙江省，農民廣泛使用河泥為桑樹園地表施肥。我們在中國南方地區曾提過這種作法，而圖 79 是四月初在嘉興南部所拍攝。停靠在桑樹園前方的船隻，是來自遠方某家人的住家，他們希望能在採摘桑葉餵蠶的季節找到工作機會。我們在關閉相機後回頭望，驚訝地發現一家之主已經將草蓆屋頂的其中一段往後推開，正站在船中央。

鋪在田裡的泥土形成超過五公分厚的鬆散土層，之後經過雨水壓實，便會使整片果園的土壤增厚超過二點五公分，每英畝的重量可達到一百二十二公噸以上。

此地農民的另一項辛苦工作，就是定期交換桑樹園與稻田的土

圖 79：施用大量河泥施肥的桑樹園。從事桑葉採摘工作的一家人就生活在河邊所停泊的船隻上。

壤，**根據農民的經驗，桑樹園長時間使用過的土壤能夠改善稻米，而稻田的土壤則對桑樹園有益**。我們乘船行經上海、嘉興與杭州途中，曾多次看見農民將稻田的土壤堆在運河邊或倒進河中。這些土壤大多是從田地中的狹窄溝渠所挖出來。我們判斷倒進運河中的土壤會產生重大變化，或許是因為吸收了從水中所釋出的水溶性養分，例如石灰、磷酸與碳酸鉀，或是透過滋長或發酵作用，使農民認為值得耗費大量勞力來置換土壤。將土壤堆在河岸邊，也許是準備透過船隻搬運到某座桑樹園。

農民顯然認為從圖 8（P.35）這類農村中的運河所收集而來的淤泥，比起在空曠鄉間所收集的淤泥更加肥沃，物理條件也更理想。他們將這番差異歸因於村民在河中洗滌衣物時，會使用大量的肥皂。來自城市的雨水無疑也會攜帶養分，只是透過下水道排出後並不會進入運河中。洗衣水中的肥皂很可能引起明確的凝聚作用，使滋養物施用在稻田裡時變得更加細碎。

在田地施用大量河泥有個重大優點，便是能透過石灰的凝聚與沉澱作用，為田地添加石灰，此外還有運河中大量存在的螺殼。新鋪設的泥土中就含有大量的螺殼，如圖 80 上圖所示，表土上類似小石子的外觀便是源自於此，而下圖的白點，則是田裡剛翻過的土中所露出的螺殼。雖然並非各地的螺殼都如圖中這麼多，但仍然能夠提供足夠的石灰。

農民會大量收集某些種類的螺當作食物。村落郊外的運河邊可以看見一堆堆的空殼。螺一般會帶殼煮熟，並且當作拿在手上吃的零食販賣，就像我們買的烤花生或爆米花一樣。客人購買後，攤商會用一把小剪刀將殼上的螺旋尖端剪掉，使空氣得以進入，方便客人以嘴唇

圖 80：不久前挖起的河泥，上圖河泥中有大量螺殼，下圖為剛翻過的土中所露出的螺殼。

靠在螺殼上直接吸食。運河裡也有大量的淡水鰻、蝦子、螃蟹跟魚，同樣都能捕撈供人類食用。若行經鄰近運河的農村，常可看見幾群人在較淺的農用運河河底忙著收集食材，甚至包括可食用水生植物的小球莖或厚肉根部。為了方便採集，常會藉由先前所述的方法將特定河段的水放乾，讓人能踩在泥土中用手拾起食材。生活在船屋的人家會捕蝦來賣，他們在船屋後拖著一兩艘攜帶上百具捕蝦陷阱的船，而陷阱的設計巧妙，當陷阱在河底拖行時，蝦群便會以為那是安全的掩蔽處並竄入陷阱中。

上海與杭州之間的交通流量有時相當大。至少有六艘以上分屬於不同公司、由汽艇拉動的船屋排成一列，上頭每天都擠滿船客。我們的船隊在傍晚四點半離開上海，隔天晚間五點半抵達杭州，航程超過一百八十八點三公里。

我跟翻譯員買了專用的頭等艙房，是間有五張臥鋪的包廂，票價為五點一六美元，艙房占滿了整艘船的寬度，只留了一條三十五點五公分寬的走道，可以透過船艙兩側的五個台階進入。臥鋪是平坦的裸木板，寬度有七十六點二公分，彼此以十五點二公分高的床頭板分隔，前面並沒有欄杆。每位旅客都有自己的寢具，有一張小桌子可供用餐，一側有一面鏡子，另一側則有與一盞燈設置在隔板上的開口處，可以一次照亮左右兩張臥鋪，艙房內的設備大略如上所述。

普通船艙的屋頂罩著一頂涼蓬，交叉分隔排放在兩排各七十六點二公分寬、以十五點二公分高隔板相互分隔的臥鋪上。乘客在此空間內鋪設自己的寢具，只有一塊十五點二公分高的床頭板將彼此的頭分隔開來，而涼蓬的高度只夠乘客坐起身子。雖然艙內很通風，但幾乎沒有隱私可言。

無論哪個艙等的乘客都有供餐。晚餐的米飯裝在沉甸甸的瓷碗中，並放在加蓋的木盒裡，白飯的配菜有一小疊精心烹調的苜蓿葉、搭配筍絲的熟豆腐、豆腐炒豬肉絲、竹筍炒豬肝與青菜，還有熱水能夠泡茶。桌上並沒有桌布，而且除了茶水外的餐點都要以筷子享用，如果不會用筷子，就只能用手了。用餐結束後，便會將餐桌清乾淨並提供一盆水，也可以要求熱水，再加上茶、茶杯與寢具，這便是旅客的所有用品了。船上會有服務人員提著熱水在甲板上走動，隨時為旅客添加熱茶，直到晚上十點為止，隔天一早再繼續服務。

精緻細膩的孵蛋文化

每年春季時分，中國的孵蛋人家都會火力全開，而我們有幸能夠一探究竟。孵蛋的技藝由來已久，而且在中國相當普遍。孵蛋店內的景象就如圖 81 所示。這家人正在孵著買來的雞蛋、鴨蛋與鵝蛋，待

圖 81：房內共三十個孵蛋器的其中四個，每個分別可裝進一千二百顆雞蛋。

孵化後再將幼禽賣出。就像中國許多商家一樣，這家人也是長久以來傳承家族事業的最新一代接班人。我們走進如圖 8（P.35）所示狹小村落的街邊店鋪，店裡負責收購雞蛋，再將小雞賣出，而這項工作是由家中的女性負責。孵蛋器放置在家中最後方的空間，每個孵蛋器能夠容納一千二百顆雞蛋。圖中可以看見四個孵蛋器，每個孵蛋器裡都有個簍子，裡頭裝滿了三分之二的蛋。

每個孵蛋器都是巨大的陶罐，側邊開了一扇小門，用來放進燃燒的木炭，並用一層灰燼蓋住一部分的火苗。如圖所示，陶罐上編滿藤條並加上蓋子，因此能徹底隔熱。外罐裡裝著另一個差不多大的陶罐，就像茶杯裡放了另一個茶杯。內罐裡裝著大簍子，簍子裡可以裝進六百顆雞蛋、四百顆鴨蛋或一百七十五顆鵝蛋，取決於簍子的大小。共三十個孵蛋器分成兩排平行排列，每排十五個。

為了利用從孵蛋器所冒上來的溫度，每排孵蛋器上都有一排即將孵化的孵蛋座以及像竹編淺托盤一樣的孵蛋盤，旁邊都鋪上棉花保暖，上面蓋著厚度不一的被子。小雞就在孵蛋盤上破殼而出，等到能賣的時候再帶去店鋪。

在簍子裡的雞蛋孵了四天後便會開始檢查，並挑出無法販賣的未受精卵。這些蛋接著便送到店鋪販賣。鴨蛋在孵了兩天後也會經過類似檢查，並在五天後複檢一次，鵝蛋則是分別在第六天與第十四天後檢查。透過這些預防措施，便幾乎能完全避免未受精卵所造成的損失，有百分之九十五至九十八的受精卵會成功孵化，而未受精卵的比例介於百分之五至二十五之間。

在孵蛋器中經過第四天後，所有的蛋必須在二十四小時內翻轉五次。雞蛋要放在較低的孵蛋器中十一天，鴨蛋要放十三天，鵝蛋則要放上十六天，接下來轉移到孵蛋盤上。在孵化期間，必須極其仔細地觀察與控制溫度，在不同的孵化階段也需要維持不同溫度。孵蛋人不使用溫度計，而是將蓋子或被褥掀起，拿出一顆蛋，並把鈍的一端放在眼窩中，藉此與對溫度敏感、幾乎恆溫又甚少低於血液溫度的皮膚，在排除空氣的情況下有較大面積的接觸。長期下來的實踐，使他們得以迅速又準確地判斷細微溫差。孵蛋人都睡在房裡，而固定有個人負責隨時巡視孵蛋器與孵蛋盤，透過開門或掀起孵蛋盤上蓋著蛋的被褥，根據個別需求來加以檢查與調整。在最終階段的孵蛋盤中，會將蛋連續層疊排起，但第二層很少超過下層面積的五分之一或四分之一。雞蛋必須放在孵蛋盤中十天，鴨蛋與鵝蛋則要放十四天。

小雞孵化後，等到需要餵食時就準備能送去市場了，此時要根據性別區分，並分別放進直徑七十六點二公分的竹編淺木盤上。孵蛋人輕捏小雞的肛門，便能迅速又準確地區分性別。我們所造訪的街邊店鋪擺放著四盤小雞，有幾位女性正在選購，每人都挑了五到十二隻小雞。我得知無論在城市與鄉村，幾乎每家人都會養雞，但頂多也就幾隻，而且常能看見成雞在狹窄的街道上來往、走進開放的店鋪，並在店主與路人的腳邊穿梭。當我們上門時，這家人正好付了墨西哥鷹洋十分買下九顆雞蛋與八顆鴨蛋，並且以每隻三分的價格賣出他們最強壯的小雞。這些數據換算成美國貨幣，等於每一百顆蛋的收購價將近四十八美分，每一百隻小雞的售價為一點二九美元，又或者每十三顆蛋的收購價為六美分，每七隻小雞的售價為九美分。

為了供應數百萬家庭新鮮又衛生的肉類與蛋類需求，到底要仰賴多大的進口量，實在令人難以想像，更遑論該如何估算了。這些國家極度稠密的人口，使供應人民蛋類需求的問題與美國相比簡直進入另一個層次。在一九〇〇年，美國家禽數量為兩億五千零六十萬隻，平均每人約可分到三隻，而日本在一九〇六年的家禽數量為一千六百五十萬隻，平均每三人才能分到一隻。

然而，日本每平方公里耕地上平均飼養了三百一十九隻家禽，美國在一九〇〇年的每平方公里農地上，卻平均只飼養了一百五十隻家禽。若要使日本每人所分配的平均家禽量達到三隻，每英畝可耕地上必須飼養約九隻家禽，而在一九〇〇年的美國，每隻家禽平均能享有將近二英畝的改良農地。我們並沒有中國的家禽或產蛋量數據，但其總量必然相當驚人，而且更進一步出口供應日本所需。如圖 82 所示，從鄉村載運大量蛋類的船隻正透過運河抵達上海。

圖 82：上海，載有一百五十簍蛋的船隻停靠在蘇州河畔。

有機堆肥這樣做

除了以先前提過的方法將河泥直接鋪在田裡以外，農民普遍也會以各種有機物質製作堆肥。下面三張圖分別顯示製作堆肥的不同階段、投入其中的龐大勞力，以及該如何未雨綢繆。於圖 83 中共有八個人，正將冬季的堆肥搬運至如圖 84 中鄰近田地剛挖掘好的堆肥坑。就在四個月前，一群人將來自上海馬廄的馬糞經過二十四公里的水路運送至河岸邊，並且與運河中所挖出的淤泥層層堆疊，使其得以發酵。這八人忙著把這些堆肥移到圖 85 中的坑裡，幾乎把坑給填滿。在圖 85 中能看見同一塊田地旁有第二個坑，深度達九十公分，坑中挖出的泥土則堆在坑口周圍，使坑的深度又多了六十公分。

圖 83：有八個人正將冬季的堆肥移動至圖 84 中剛挖好的坑裡。圖片前方的船上載著剛從村落運來並混有灰燼的糞肥。

在填滿堆肥坑後，農民便會將坑旁盛開的苜蓿花收割，並在坑裡疊至一百五十到二百四十公分高，同時在其中層層夾雜河中挖起的淤

圖 84：鄰接苜蓿田的堆肥坑，裡頭填滿在圖 83 河岸旁所看見的冬季堆肥。

圖 85：剛挖掘好的坑，用來堆放圖 83 中的堆肥，並且將坑周圍的苜蓿收割後堆於其上，以製作稻田用的肥料。

泥，將苜蓿花浸濕，接著等待其發酵二十至三十天，直到花泥汁液完全被下方的冬季堆肥吸收，並且準備整地種植下一輪作物為止。這些有機物質與河泥一起發酵後，農民便會將其施放在田地裡，這也是農民第三次將堆肥挑上肩膀，而且總重量高達好幾公噸。

將糞便收集、裝載，透過水路運送二十四公里路程，並傾倒在岸邊，再與河泥摻雜；種植苜蓿的農田已經在去年秋天整好地，也播種完畢；在田裡挖好坑；把冬季的堆肥運來倒入坑中；農民將苜蓿割下並挑到糞肥上層層疊起，再以河中挖起的淤泥浸濕，過一陣子便能把堆肥施放在田裡；最後再把從坑裡挖出的泥土回填，因此並不會耗損能夠種植作物的土地。

這些就是中國農民所遵守不懈的本分，因為他們相信必然能帶來豐碩成果，因為他們必須以有限的土地來養活一大家子。這種作法在中國相當普遍，對於維持土地的高生產力也扮演重要角色，我們也因此花了許多心力考察不同階段的工作。圖 86 便是要將苜蓿堆肥摻

圖 86：準備製作苜蓿花泥堆肥的原料。

雜河泥的事前準備。左方是由運河中所挖起一層薄薄的河泥。中間的路人正跨越鄉間小路上的人行橋。後方的錐形茅草屋頂，是在灌溉稻米的汲水作業時，為了讓水牛遮蔽所搭建的，而灌溉的同時，現在所製作的肥料便會派上用場。圖片右方有兩大堆剛收割的苜蓿葉，這家人的其中一位女性正把苜蓿鋪平以沾滿泥土，男性則用扁擔從田裡挑回更多苜蓿。我們在晚餐前拍下這幅景象，在農民離開後，再從不同方向近距離拍下另一張照片，也就是圖 87。當河泥挖起幾天而變得乾硬、難以抹開時，農民就以圖右方的桶子舀起河水使河泥軟化、變稀，以方便塗抹並浸透苜蓿。苜蓿堆與泥巴層層疊起，再以農民的赤腳踩實。現場的原料還足夠堆出四堆苜蓿花泥。

我們再往前走就見到圖 88 中的景象，農民正同時製作堆肥並從運河中挖起淤泥。在運河一側的是兒子，忙著以編製成蛤蜊殼形狀、能夠開闔並裝有竹竿手把的長勺子挖泥，船中央已經快要堆滿河泥，泥水都溢出船外了，而母親在運河另一側的草堆邊，以同樣裝有竹竿

圖 87：堆建中的苜蓿堆肥。

圖 88：年輕男性正利用裝有長柄、蛤蜊殼形狀又能隨意開闔的勺子，將河泥堆上他的船。

手把的大勺子鏟下船上的河泥。透過站在草堆上的人，便能清楚比對出草堆的大小。

接著我們在岸邊看見另一座已經完成的堆肥，如圖 89 所示，而我們的雨傘可作為比對大小的樣本。這座堆肥約有九十點九平方公尺、約一點八公尺高，而且綠肥的重量必定超過二十公噸。同一處還有兩座剛開始堆建的堆肥，各一點二平方公尺，此外還有另外六座堆肥的地基，總共多達九座堆肥。

在大約二十天左右的時間裡，這種綠色的含氮有機物質會與淤泥中所含的細微土壤粒子接觸並發酵。**如此傑出的作法由來已久，也廣泛運用了重要的基本原理，但直到最近才受到眾人理解，使有機物質**

圖 89：堆疊完成的堆肥。

的力量被納入農業科學領域，亦即有機物質接觸土壤後會迅速崩解，進而釋放出可溶性植物養分。

因此，若將如此耗費勞力的習俗視為無知、缺少精確思考力或無法理解與運用的結果，可就大錯特錯。倘使靠美國的農地必須養活十二億人口，即便人口比例還不到現今日本供養人口的一半，但已非目前的農耕法所能應付，徹底改變勢在必行，而我們能肯定農民從此只需要更少的勞力就能達到更高效率。然而，美國農民尚未精通成就這一切的必要知識，並不了解若要獲得如此豐饒的產量，必須透過施肥與更長久、更良善的土壤管理才行。

後來，我們在水稻插秧前返回此地觀察田地的施肥方法，圖 90 是五月二十八日所拍攝的照片，囊括了一戶農家在早上的所有工作。他們的住家位在附近的村落，所擁有的土地劃分成四塊接近方形的水

圖 90：一家人在稻田上的施肥與整地工作。

平稻田，以隆起的田埂分隔，總面積將近兩英畝。圖中可以看見其中三塊田地，第四塊田地則如圖 143（P.258）所示。圖 90 上格的背景中，有頭雙眼被矇住的中國本地水牛拴在一具大型的木製鏈泵上，負責從河裡汲水並為前方的田地放水，使土壤鬆動以方便犁田。年僅十二歲與七歲的小女孩坐在動力轉輪上，外加一個小嬰兒，這群孩子是來玩耍跟看牛工作的。土面經過充分鬆動後，父親便開始犁田，水牛每邁出一步，膝蓋以下都會陷進泥土中。

下格圖片也是同一塊稻田，有個男孩正用手撒著苜蓿堆肥，而且仔細確定肥料完全分散又撒得均勻。男孩在父親開始犁田前就已經繞了一圈。堆肥是從河邊所取來，還有另外兩名男性忙著將堆肥運到另一塊田裡，其中一人正挑著扁擔，如第三格所示。

圖中最下格是夾在兩塊田之間的另一塊田，田裡是已經成熟後收割的油菜，一列列排在地上準備運走，另外兩名男性忙著將油菜捆成一大束搬回家裡。婦女會在家中將油菜籽脫粒，過程中得小心別折斷菜莖，完成後再把菜捆起來當作燃料，油菜籽則經過研磨後用來榨油，菜籽餅還可以當作肥料。

油菜對於農民具有卓越的經濟效益，是芥菜與高麗菜的近親，而且在較為涼爽的季節裡快速生長，在春季種植稻米與棉花前就會成熟。油菜的幼苗與菜葉多汁又有營養，很容易消化，是相當普遍的食物，可以水煮後趁新鮮吃，或是以鹽醃漬，冬天時當作下飯菜。成熟的莖部會木質化，是很好的燃料，而且有大量富含油脂的菜籽，菜籽油普遍用於照明或烹調，菜籽餅則是珍貴且廣泛使用的肥料。在早春時節，農村廣大的油菜田滿是一片蓊鬱，之後則會轉變為鮮黃色的花海，而在菜葉脫落、莖部與菜籽莢成熟後，就會剩下一片灰白。

油菜就像乳牛一樣會製造脂肪，四十五公斤的菜籽約含有十八公斤的油脂，可以食用、燃燒或販賣，而且不會耗損土地的肥沃度，因為菜籽餅與菜莖燃燒後的灰燼可以倒回田裡，而且構成油脂主要成分的碳、氫、氧是來自大氣而非土壤。

第九章

廢物利用

人類有文明以來最優秀的農業手段，當屬中、日、韓數百年來普遍回收人類排泄物並用於維持土壤肥沃度與生產食物的作法。想了解其沿革，必須先了解現代西方農業廣泛使用的是礦物肥，例如普遍使用的煤礦，但也是到近年來才開始能為人所用。同時也必須將東方民族悠久又完整的生命歷史，以及必須靠農夫所供養的大量人口納入考量。

當我們反思美國農地的肥沃度在不到一百年時間便大量減損，並且每年施用大量礦物肥來維持土地產量的情況，顯然該是時候徹底考究東亞民族數百年來所奉行的作法了。

根據沃夫（Wolff）在歐洲以及凱爾納（Kellner）在日本對人類排泄物所做的分析顯示，每一百公斤的糞便平均含有零點六公斤的氮、零點二公斤的鉀與零點一公斤的磷。以此為基礎，再納入卡本特（Carpenter）所估計的資料，成年人每天平均排出十一公斤的糞便，代表每一百萬成年人口每年會產生四十六萬五千三百七十五公噸的糞便，其中含有二百六十萬七千四百三十五公斤的氮、八十二萬一千二百五十公斤的鉀，以及三十四萬九千零二十公斤的磷。若根據丹尼爾．哈爾（Hall）在《肥料與糞肥》一書中所引用的數據，是三百五十七萬三千公斤的氮、一百三十八萬一千七百二十五公斤的鉀與八十八萬四千五百二十公斤的磷，但若是根據他所實際採集的高平均，則是五百四十萬公斤的氮、一百八十六萬七千九百五十公斤的鉀與一百三十七萬五千九百二十公斤的磷。

在一九〇八年，上海公共租界以三萬一千美元的價格，將收集七萬九千五百六十公噸糞便並轉賣給農民的特權售予一名承包商。在一整年裡的每一天，都能看見如圖 91 所示的載糞船隊在上海進出。

日本國家農業暨商業部的川口博士（Dr. Kawaguchi）根據他們的紀錄資料告訴我們，日本在一九〇八年所回收並施用於農田的人類糞肥有二千四百三十二萬七千三百公噸，亦即在四大主島共五萬五千二百二十一平方公里的可耕地上，每英畝地平均施用了一點八公噸。

以沃夫、凱爾納、卡本特或哈爾的資料為基準，每一百萬名美國與歐洲的成年人，每年平均把二百六十萬七千四百三十五公斤至五百四十萬公斤的氮、八十四萬六千八百五十五公斤至一百八十六萬七千九百五十公斤的鉀，以及三十四萬九千七百四十公斤至一百三十七萬五千九百二十公斤的磷給沖進大海、湖泊、河川與地下水中，而我們卻將如此浪費的行徑當作文明進步的偉大成就。超過三千年來，遠東民族都奉行不諱地保留如此龐大的排泄物，現在這四億成年人口每年使十五萬三千公噸的磷、三十八萬三千五百二十公噸的鉀及一百一十

圖 91：蘇州河上的運糞船隊，正從上海收集居民的糞便並運往耕地。

八萬一千一百六十公噸的氮回歸農田，糞肥總重量超過一億八千五百六十四萬公噸。這些糞便由家家戶戶所貢獻，無論是鄉村或像武漢三鎮這種在半徑六點四公里內擠滿一百七十七萬人的大城市都不例外。

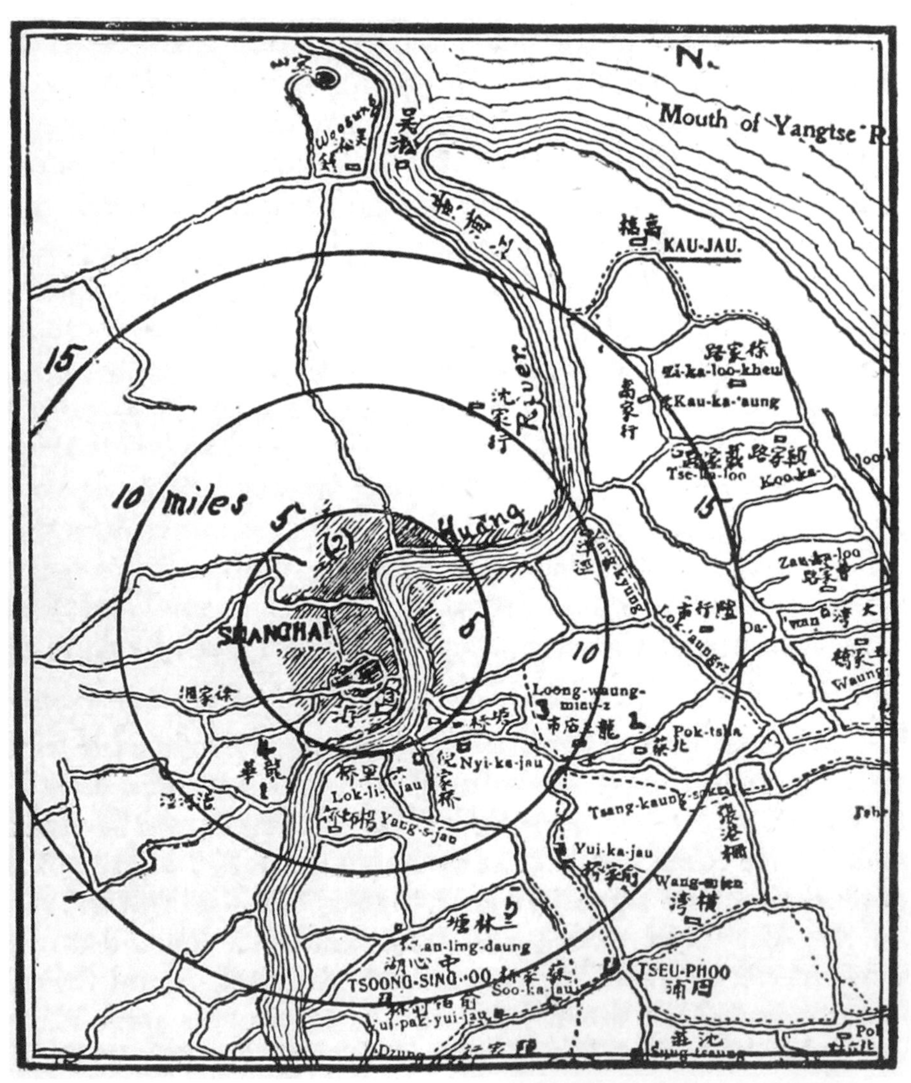

圖 92：上海市周圍市郊的地圖，其中顯示了幾條供船隻將城中排泄物經過船隻運送到農田的運河。

最崇高的信念：不浪費

人類是世界上最浪費的廢物製造者，所到之處無不生靈塗炭，就連自己也無法倖免；那帶來毀滅的掃帚與不受制約的雙手，僅僅在一個世代裡，就把歷經數百年所積存下來、孕育所有生命的土壤肥沃掃進大海中。**我們必須了解，人類近代使磷分回歸農田的作法，只不過是補充土壤過去所流失的肥沃度而已，但是耗損仍在持續之中。**據估計，北美洲河川中每立方英里的河水，就將超過五百一十公噸的磷帶進大海。

此外，現代文明還透過液壓排汙系統使流失量增加，每年在每五億人的排泄物中，就含有超過十九萬八千一百八十六公噸的磷，如此損耗絕不是一百三十二萬零九百公噸純度達百分之七十五的磷酸鹽岩所能補足。東亞民族擁有如先前所提那般龐大的人口，土地只稍微超過美國的一半，耕地面積還不到二百零七萬二千平方公里，而且耕地歷史已經超過二千年、三千年，甚至四千年之久，也沒有礦物肥能夠使用，必然無法在如此巨大的浪費中生存。

在被迫解決避免浪費的問題並發揮自身種族天性的情況下，他們開始善用自身資源，就像這則寓言故事所說：

有艘危船在海上迷途多日，之後遇見了另一艘友船。危船的桅桿升起布幔，上面寫著「水，需要水，我們快渴死了！」友船立刻升起答覆：「原地放下水桶。」危船再升起第二道求救訊號：「水，需要水，送水給我們！」友船依然回覆：「原地放下水桶。」第三道與第四道訊息也都得到相同答覆：「原地放下水桶。」危船的船長終於想通了，這才放下水桶，桶中立即盈滿來自亞馬遜河口的新鮮淡水。

即便是大城市，例如建立在潮水與運河交織之下的廣州、位於世界上最大河川沿岸的漢口，或是現代的上海、橫濱與東京，都不允許如此龐大的浪費。對這些大城市而言，這種行徑無異於種族自殺，他們長久以來的反感使浪費行為最終不復存在。

上海市衛生官員亞瑟・史丹利博士在一八九九年對此市政問題提出年度報告：「關於東西方衛生觀念對上海公共衛生的影響，假如國人較長壽代表衛生狀況較佳，那麼對所有關心公共衛生的人而言，中國人就是值得研究的民族。

即便沒有戶籍數據回報，仍可顯見中國的出生率大幅超過死亡率，而且從中國存在的三千到四千年來一直如此，與中世紀的英國人相比，中國人的衛生觀念較為良好。公共衛生的主要問題在於住家的每日清潔，若能夠伴隨收益則更加理想。**高度文明的西方國家建造焚化爐來焚燒垃圾，在造成經濟損失的同時又將汙水排入大海，而中國人卻將這兩者轉變為肥料，既不造成任何浪費，也捍衛了內心最崇高的信念，將神聖的農業職責付諸實踐。**

事實上，近年來的細菌研究顯示，消滅糞便物質與居家垃圾的最佳作法，便是使其回歸純淨的土壤，讓大自然展開淨化工作。是否該銷毀垃圾的問題，我認為依照上海的現況而言，答案肯定是負面的。若透過運水系統將汙水排入河川，卻又以河水供應居民用水，等同於衛生自殺。因此，最好的方式還是利用中國人在衛生習慣上的優點，畢竟那是從西元前一千多年前所演變而來的產物，必然值得尊敬。」

中國大多使用圖 93 所示的陶製儲存缸來儲藏糞便，儲糞缸是經過燒硬、上過釉料的陶甕，容納量大約二百二十五公斤至四百五十公斤。日本通常則是使用圖 94 中的加蓋水泥糞坑。

圖 93：人類糞便的儲存缸。

圖 94：日本地區用來存放液肥的加蓋水泥儲存坑。

在這三個國家，農民常使用圖 95 中的桶子，兩個一對地以扁擔將糞便挑到田裡。若要在田地或農園裡施用液肥，則是透過圖 96 所示的長柄勺子。

美國已經開始將豢養牲畜的廢棄物節省起來，但是與中、日、韓三國的作法不盡相同。中國人會定期沿著鄉村與商道公路搜尋並收集遺糞。我們在城中街道來往時，不斷看見有人迅速且近乎急迫地拾取糞便，並小心翼翼地保存起來，以確保不會因為水分滲漏或不利的發酵而流失養分。在某些桑樹園裡，會將樹幹周圍的土壤仔細挖出深八到十公分、直徑約一百八十到二百四十公分的圓圈，這些區塊是用來收集桑蠶糞便、蛻皮，以及在餵食後剩下的桑葉與樹梗殘渣。這些廢棄物的處置手段有其必要性。除了從桑葉所產出的蠶絲以外，其餘資源可以立刻回歸桑樹園，藉此避免不必要的耗損，渣滓也能馬上成為下一輪桑葉的養分。

大腦的產值優於肌肉

在嘉興附近一位吳夫人的農場，有兩具以兩頭牛所帶動的水泵，用來汲水灌溉即將插秧的二十五英畝稻田，而我們在研究水泵的運作時驚訝地發現，有位負責看管牛隻的小伙子，他其中一項工作便是利用容量五點六公升、足足一百八十公分長的竹柄勺子，在牛糞掉落地面前將其收集起來，再倒進儲糞容器中。

由於我們才剛開始了解這種作法所帶來的經濟效益，所以我們對男孩這項工作曾感到片刻的憤慨，但男孩臉上卻沒有一絲的不悅。他

圖 95：用來為田地施放液肥的六個施肥桶。

圖 96：利用長柄勺子施放肥料桶當中的液肥。

將這份職責視為理所當然，而當我們細想從頭，也確實沒有使他不悅的理由。事實上，這才是正確的作法。如果不刻意收集牛糞，生產條件便會比較不理想。**收糞可使稻米產量增加，男孩也因此在內心培養出將來節儉的性格，並且有利於延續全民族的生命。**

這些歷史悠久的農民在利用糞肥時展現出智慧與高超的技巧。圖97就是其中一個例子，一位走在作物行列之間、肩上掛著搖晃桶子的男性，在回家的路上告訴我們，家裡有二十個人要養；他的菜園面積有半英畝，種出來的作物通常可以賣到四百鷹洋，相當於每斤一百七十二美元。園裡種了一行行各成兩排的小黃瓜，每行間隔七十六公分，每排相隔六十一公分，每株小黃瓜則相隔二十到二十五公分。他才剛把種在兩排小黃瓜之間的青菜給賣掉，上頭搭的格架相當堅固、

圖 97：以腦力、體力與善用肥料換取收穫。

耐用、輕巧，又方便移動。五月二十八日，黃瓜藤就開始蔓生，可說在作物輪替之間完全不浪費一分一秒。相反地，他透過使作物重疊間作的方式，使農田多了一個月的生長季，而格架則讓他能種植更多爬藤作物，省下了原本會占用的地面空間。他利用智慧與勤奮，使原本只有半英畝的黃瓜田發揮出高於原本兩倍的生產力。

他將藤蔓從地上移到格架上，留下六十公分寬方便行走的步行空間，這也有利於對每株黃瓜的根部鋤草與施肥。若是透過美國的農法耕作，縱使占地四英畝大的黃瓜田，產量都比不上這位農民的一英畝田。兩者之間的差異，其實並不在於肌肉的活動量，而是在於大腦灰質的機敏與效率。

這位農民對每株作物都善加留意與照料，會刻意將表土挖鬆，使液肥能立刻滲入植物根部所觸及的土壤。倘若土壤因為降雨短缺而乾燥，他就以十比二的比例將水與糞肥混合，並非為了供水，而是為了使養分滲入得夠深。假如土壤因為降雨過多而潮濕，施用肥料的濃度也要更高，並非為了減輕負擔，而是為了避免因為滲水與過度飽和所造成的浪費。雖然他的作物相當密集，但從不會過度施肥。

未雨綢繆、事後反思與專注工作，是這些民族的特質。我們回想起來，從未看見哪個人在工作時抽菸。他們喜歡抽菸，但更傾向在不分心的情況下抽菸，因此也更專心地工作好賺更多的錢。

五月初的另一天，我們沒帶翻譯員便來到田裡。大約有半小時的時間，我們都站著觀察一位老農民拿著鋤頭在整地，如圖 22（P.49）所示，他的祖墳占據了土地一角。田裡有大量的蚯蚓，大條的足足有鉛筆那麼粗，還沒伸長時也有鉛筆的三分之二這麼長，還帶有微綠色澤。幾乎每次鋤頭落下都會挖出二到五條蚯蚓，但根據我們的仔細觀察，農民只鋤鬆了土壤，並未傷到任何一條蚯蚓，或是把蚯蚓留在表土上。雖然他看起來並未刻意避免傷害蚯蚓或蓋上土壤，而且我們也未能與他交談，但我們相信他確實想保護蚯蚓。

蚯蚓能翻動深處的土壤，促進地下的空氣循環。大量的蚯蚓吃進泥土，通過身體排出後，可以提供來自土壤的豐富有機物質，一整年下來的效果相當可觀。在經過灌溉準備插秧的農田裡，大量蚯蚓被迫鑽出地面，農民也會將一大群鴨子帶到田裡大啖蚯蚓。

善於利用土地的國度

在另一片田裡，大麥已經快成熟了。旁邊一塊長條形的土地正要整地種植作物。大麥的麥穗彎向路邊。農民並未浪費任何一塊空間，每寸土地都不能閒置。農田邊緣的大麥被巧妙地捆成一把一把，每把寬四十點六公分，既未拔起莖部，也沒有折斷麥桿，使每一穗捆起的大麥能繼續變得飽滿，同時也讓麥桿向一旁傾斜，以便在不損傷作物的情況下將最後一寸空出的土地耕好。

還有另一個例子，一位男性正在種植馬鈴薯，並且在個頭仍小時便拿到市場販售。他會先改善土壤的肥沃度，若降雨來得太慢、太小，就會自行灌溉田地，也會為作物施肥。他種了一排排前後間隔只有三十到三十六公分的馬鈴薯，每堆馬鈴薯則相隔二十公分。馬鈴薯株筆直強壯，高度有三十六公分，整排就像修剪過的籬笆。葉子與莖部粗大，呈現深綠色澤，就像上好的閹牛般光澤耀眼。每株馬鈴薯彼此靠得很近，葉面幾乎擋住了照在田地上的陽光。

這裡沒有馬鈴薯甲蟲，我們也沒看見任何損傷跡象，但這位農民依然以知更鳥般銳利的目光掃視著田地。他察覺其中一株的莖部葉片微微下垂，便費心地後將一隻夜盜蟲、一塊彈珠大小的塊莖，以及一支切掉一半的莖放進我們手中，必然是因為我們表現出好奇，他才願意做出犧牲。

但這兩位面對面接觸的友人，仍然因為語言隔閡而無法溝通。**無法充分理解彼此，是造成全世界付出更多代價、廣泛樹敵，並阻礙友誼形成的最大原因**。世界貿易可說是東方國家的產業新星，受到電子通訊的預示與指引，在快速發展的鐵路與輪船航線上崛起。由於**世界貿易必須建立在雙方的信賴與友誼上，而這兩者源自於對彼此的充分理解，因此需要共通的語言，爾後方可確保世界永久和平的可能。**這番局面必然會來臨，而且來得比我們想像更快。一旦眾人致力尋求如此目標，將橫跨三代的孩童送到共同教學母語及國際語言的公立學校，以及祖父母與父母的相繼離世，都會帶來推波助瀾的改變。

關於這些遠東民族有個重點值得注意，那就是農民具有清晰、堅強又高效率的思考力，因此從古至今都能利用有限的土地種植出足以餵養稠密人口的作物。而利用可耕地與鄰近山地所產燃料的灰燼為植物施肥，如此作法的普遍盛行也證明了農民的智慧。

關於這些國家每年所焚燒的燃料量以及作為肥料的灰燼使用量，我們雖無法取得確切數據，但已知一考得單位的乾燥橡木約有一千五百七十五公斤重，而每戶農家所用於燃燒與生產物品的燃料量必定超過兩考得。日本家庭的平均人口數為五點五六三人，若每人平均燃料使用量為五百八十五公斤，那日本的燃料消耗總量高達三千一百八十二萬四千公噸。這些國家所使用的燃料中，絕大部分都是農作物的莖、細枝或樹葉，其中的灰分約為百分之五，例如以松樹枝作為燃料約可產出百分之四點五的灰燼，考量到這項事實，再加上灰燼中約有百分之五的磷與百分之五的鉀，可以得出日本每年的燃料灰燼量多達一百四十三萬二千零八十公噸，其中含有七千一百六十公噸的磷與超過四十萬八千公噸的石灰，而這些養分每年都會回歸不到五萬五千二百二十一平方公里的耕地中。

中國擁有超過四億人口，若以相同的燃料消耗量計算，經過施肥回歸農田的磷與鉀含量超過日本的八倍。根據以上數據，日本每年從燃料廢棄物中所回收的磷，等同於四萬七千七百三十六公噸純度為百分之七十五的磷酸鹽岩，平均每英畝耕地可分得三點一公斤。以此數量而言，即使加上碳酸鉀與石灰成分，對於提升肥沃度仍然無異於杯水車薪，但我們必須記得，這些人其實是被迫如此節儉。

為了使水溶性鉀回歸農田，日本農民會將灰燼搭配不少於十五萬九千七百三十二公噸的純硫酸鉀一同施用，每英畝用量為十點三公斤，而每年以相同方式施用的碳酸鈣約為每英畝二十七點九公斤。

除了長久以來透過燃料灰燼為耕地作物提供養分的森林以外，還有其他廣大土地能貢獻綠肥與製作堆肥的材料，主要是占可耕地面積約百分之二十的山地上，所生長的草本植物。這些土地中，約有二百二十五萬二千七百四十一英畝可以每季收割三次，在一九〇三年的每英畝平均產量為三千五百九十一公斤。從山地收割的第一批草木主要作為稻田的綠肥，以圖 98 所示方式踩進秧苗行列間的泥土裡頭。

這位男性拿著簍子與鐮刀，隨時割下腳邊的草木並帶到稻田裡。當時正值七月，相當悶熱。我們看見他走在水深及膝的田裡，小心翼翼地將草放在兩排秧苗間隔中，每個地方放一把，並使草的尖端重疊。把草鋪好後，他就以圖中的方法將草緊實地束成一把，用腳踩進泥土中，再以雙手把草上的稀泥撫平，並把兩旁土堆中歪斜的秧苗扶正。藉此，以赤腳的長度一步接著一步，把所有鋪好的草都踩進泥土裡頭。

他以產出每擔米支付四十貫米的價格租下這塊地，依照平時產量，他的租金是八十貫米，等於每英畝產米量為四十四蒲式耳，而每蒲式耳約二十七公斤重。在不利收成的季節，他的產量可能減少，但租金仍舊是每擔四十貫米，農民顯然已竭盡所能卻仍無法提高產量。

日本荒野所收割的第二、第三批草會用於製作堆肥，準備在接下來的秋季或春季為旱地農田施肥。有些土地也用來放牧，但從山地

圖 98：日本農民將青草踩進成排秧苗間的泥水之中當作肥料。

收割將近一千零三十八萬九千二百一十公噸的野草中，大部分的有機物質與燃燒灰燼都會成為耕地的養分。日本的村落附近常常有這種荒地，居民可以自由採收野草，但只有特定時間可以採草，允許攜帶的草量也有所限制，運草的方式如圖 99 所示。人民普遍都有所認知，**若在不加回報的情況下恣意收割山野產物，將會耗損地力，未來能夠採收的草量也會逐漸減少。**

透過在東京帝國農業實驗站熱心幫忙的大工原博士，我們得以

圖 99：父親與孩子從野外帶回野草，用來當作綠肥或製作堆肥。女兒則帶著茶壺，提供家人安全又衛生的飲水。

了解在六月所採收作為綠肥的五種常見野生植物，其綠葉與嫩枝平均含有哪些成分。在每四百五十公斤的植物中，含有二百五十二點九公斤的水、一百七十二點二公斤的有機物質、二十四點八公斤的灰分、二點二公斤的氮、一點一公斤的鉀與零點二公斤的磷。以此成分為根據，在總共一千零三十八萬九千二百一十公斤的野草中，每年可為耕地提供三千五百三十二點二公噸的磷與二萬五千零六點三公噸的鉀，這些養分全都產自荒野。

除此之外，山地與荒野間的逕流也大量用於灌溉稻田，某些地區每年的灌入田裡的水量超過四十點六公分。倘若這些水的成分與北美洲的河水相仿，每年將為日本三大主島的稻田帶來至少一千二百二十四公噸的磷與一萬九千三百八十公噸的鉀。

日本國家農業暨商業部的川口博士告訴我們，在一九〇八年，日本農民製作並施用在田裡的堆肥，有多達二千三百二十六萬九千零四十二公噸是利用牛糞、馬糞、豬糞與禽糞，加上青草、稻草、其他類似廢棄物，以及土壤或溝渠與運河中的泥巴所混製而成。如此大量的堆肥，足以使南方三大島的每英畝耕地各分配到一點八公噸之多。

根據取自奈良實驗站的數據顯示，此地製作的每九百公斤堆肥中含有二百四十七點五公斤的有機物質、七公斤的氮、三點七公斤的鉀與二點四公斤的磷。以此為基準，共二千三百二十五萬六千公噸的堆肥中就含有六萬零八百九十四公噸的磷與九萬六千四百九十二公噸的鉀。圖 100 是由奈良實驗站所發給農民的傳單複製品，上頭畫著堆肥製造廠的結構，圖 101 則是奈良實驗站其中一座堆肥廠的外觀。

堆肥廠的面積占地二點五英畝，地板長五點四公尺、寬三點六公尺，並且利用黏土、石灰與沙混合成防水材質，牆壁是二點五公分厚的土牆，屋頂以稻草搭成。廠內的堆肥容納量約十六至二十公噸，價值為六十日圓。在堆放物料的準備過程中，每天都會從各地運來物料並鋪設在地板上，直堆到一百五十公分高。在物料緊實地堆高三十公分高時，要將三公分的土壤或泥巴撒上表面，如此重複直到一百五十公分高為止，也要加入充足水量，使整體物料吸飽水分，並將溫度維持在體溫以下。等到物料堆放完成，在夏季需要靜置五週，在冬季則需要七週，接著再以耙子移動到屋內的另一側。

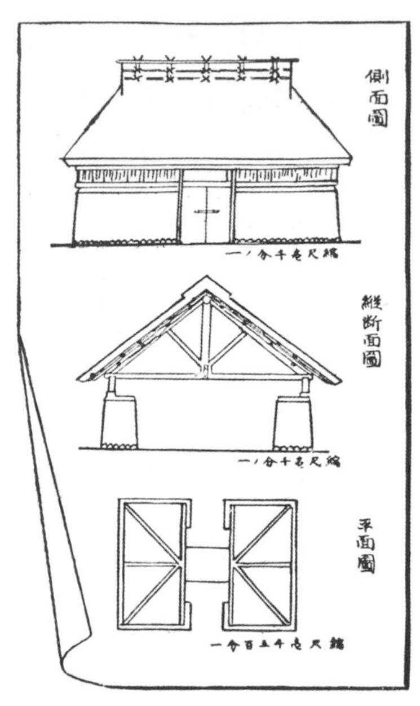

圖 100：奈良實驗站所發放的一部分傳單，上面畫著堆肥廠結構圖；上圖為前視圖、中圖為截面圖，下圖則為地板平面圖。

圖 101：奈良實驗站堆肥製造廠的外觀。

若以整數表示日本農民每年使多少氮、磷與鉀回歸到五萬一千八百至五萬四千三百九十平方公里的耕地，分別為三十九萬二千九百一十八公噸的氮、九萬三千四百八十九公噸的磷與二十六萬零八百九十三公噸的鉀。

這些數字只是概略值，而且並不包含長久以來大量使用、以魚類為原料的各種肥料，也不包含長時間持續、廣泛種植大豆與其他豆類植物，藉以從大氣層中所大量固著的氮。

確實，從一九〇三至一九〇六年間，將豆類植物作為第二期綠肥作物的田地，平均占這類農田總面積二萬八千四百九十平方公里的百分之六點八。在一九〇六年，總計約二萬三千三百一十至二萬五千九百平方公里的山坡地中，也有超過百分之十八會用來種植豆類作物。

上述關於每年在農田施用的氮、磷與鉀，有些數據聽來或許偏高，但無庸置疑地，日本農民每年施放在田裡的這三種植物養分含量必然遠超過統計資料。

在總共五萬五千二百二十一平方公里的耕地中，每英畝耕地每年平均可分配至少二十五公斤的氮、六公斤的磷與十七公斤的鉀。或者我們將北方農業發展剛起步、缺乏悠久農法的北海道排除，則施肥量更足以提供每英畝耕地高達二十七公斤的氮、六公斤的磷與十八公斤的鉀。

而由於收穫四百五十公斤包括穀粒與麥桿在內的小麥作物，會使土壤耗損六點二公斤的氮、一公斤的磷與三點八公斤的鉀，經過換算便可得知，每英畝地若補充二十七公斤的氮足以產出三十一蒲式耳的作物、補充六點三公斤的磷足以產出四十四蒲式耳，補充十八公斤的鉀更能產出三百五十五蒲式耳的作物。

根據《土壤肥沃與永續農業》第 154 頁，我們將霍普金斯博士最近的珍貴研究資料表摘錄如下：

農作物每年於每英畝土地所消耗的氮、磷、鉀概量（公斤）

	氮	磷	鉀
一百蒲式耳玉米	67	10	31
一百蒲式耳燕麥	44	7	31
五十蒲式耳小麥	43	7	36
二十五蒲式耳大豆	72	9	33
一百蒲式耳稻米	70	8	43
三公噸提摩西牧草	32	4	32
四公噸苜蓿乾草	72	9	54
三公噸豇豆乾草	59	6	44
八公噸紫花苜蓿乾草	180	16	86
三千一百五十公斤棉花	76	13.2	37
四百蒲式耳馬鈴薯	38	7.8	54
二十公噸甜菜	45	8	71
日本每年最低施用量	27	6	18

為了提供對比，我們在表中加入了稻米，並將每英畝馬鈴薯產量自三百蒲式耳增加到四百蒲式耳，因為在產季中受到良好照料時的產量的確較高，但若在缺乏養分與水分的情況下，產量必然會降低。

根據此表，假設成熟穀類作物的水分含量為百分之十一、禾桿的水分含量為百分之十五，而馬鈴薯的含水量為百分之七十九、甜菜的含水量為百分之八十七，則每年每四百五十公斤作物的三種養分消耗量可經計算並條列如下表。

每四百五十公斤乾燥作物的氮、磷、鉀年消耗概量（公斤）

	氮	磷	鉀
穀類			
小麥	6.24	1.04	3.77
燕麥	6.15	1.014	4.31
玉米	6.17	0.97	3.00
豆類			
大豆	13.86	1.83	6.37
豇豆	11.47	1.24	5.95
苜蓿	10.59	1.32	7.94
紫花苜蓿	13.23	1.19	6.35
根莖類			
甜菜	8.65	1.56	13.59
馬鈴薯	7.00	1.44	10.00
草本類			
提摩西牧草	6.53	0.79	6.30
稻米	4.48	0.51	2.74

根據日本每年的氮、磷、鉀施用量與這兩張表格中的數據，不難發現日本農民或許自古以來便力圖為農地補充農作物所消耗的這三種養分，而若日本如此，中國必定也是如此。此外，美國農業最終顯然也必須如法炮製。

第十章

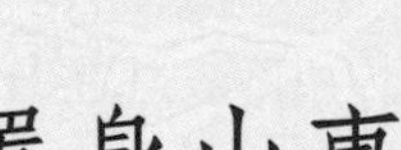

置身山東

我們在五月十五日搭乘近海輪船往北航行四百八十三公里，前往位於山東省的青島，以了解當地在接下來的季節中準備展開的農耕與施肥方法。

山東省的緯度與美國北卡羅萊納州及肯德塔州相同，介於舊金山與洛杉磯之間。土地面積約十四萬五千零四十平方公里，與威斯康辛州相近，雖然耕地面積不到總面積的一半，但卻供養了超過三千八百萬人口。紐約州目前的總人口量不到一千萬，而且過半人口居住於紐約市。

孔子在二千四百六十一年前在此地出生，追隨者孟子也曾在此生活。早在孔子誕生的一千七百年前，也就是距今四千一百年前的西元前二二九七年，一場黃河氾濫的大洪水，使大禹受命擔任「公共工程監督」一職，負責治理洪患並開鑿運河。

這裡也是義和團的發跡之處。青島位於膠州灣入口。中日甲午戰爭後，於一八九七年十一月十四日受德國占領，作為兩名德國傳教士在山東遭到謀殺的賠償，並於一八九八年三月六日，膠州灣地區在高水位線之上的區域，包括周邊諸島至邊界周圍延伸四十八點三里的「勢力範圍」，連同青島一併租借予德國，為期九十九年。同時，俄羅斯要求租借旅順口，英國租借了山東的威海衛，法國則租借了中國南方的廣州灣。但是歐洲列強的「侵占」並未隨著租借合約的簽訂而停止，在一八九八下半年，「勢力範圍政策」在國際間對於鐵路營業特權與礦業特權的爭奪中達到最高峰。這些遭遇使中國人感到警惕，也可想而知，即便是生性和平之人，在愛國心的驅使下也決心為了捍衛國家而抵禦外侮，隨後便萌發義和團運動。

青島擁有水深、寬闊又不結冰的海港。德國為此地帶來相當廣泛且實質上的港灣改良建設，對於山東省與全中國可為具有長久效益，包括築起一座六點四公里長的防波堤將碼頭環繞，還有另一座碼頭也即將竣工。德國也對一座氣象觀測站進行維護，並打造一片巨大的森林花園，在短時間內便展現出卓越的發展成績。

我們的輪船在晚間駛入港灣，上岸後不久，我們就發現此地只盛行中文與德文。隔天下午，我們參觀了由哈斯（Haas）先生所監督的森林花園與造林地。森林花園占地二百七十英畝，造林地則超過三千英畝。林園裡包含種類繁多的林木與果樹，也試種了許多小水果，預計將帶來可觀收益。

漫長旱季的克服

在青島附近的陡峭山坡地上，我們首次近距離目睹的中國嚴重的土壤侵蝕問題；由於從十一月到隔年六月期間的漫長旱季，要在幾乎沒有土壤的山坡上造林簡直難如登天。

圖 102 顯示出花崗岩山頂缺乏土壤時的樣貌，也表示一旦砍伐活動中止，便能夠加快復育森林的腳步。照片裡成現出強烈對比的風化岩石，是極度粗糙的結晶花崗岩，正以驚人的速度風化。崩解現象深入岩石表層深處，大顆的結晶仍然相互聚集，但強韌程度並不比砂礫層高出多少。水分與植物根部可以輕鬆地穿透深入，只要用刀刃刺入，結晶便立即碎裂。道路是單純以十字鎬與鏟子沿著山坡側邊所鑿出。經過仔細勘查顯示，各結晶面之間存在著沉積層，可能是由滲透的雨水沖刷而下，或透過結晶崩解所形成。圖 103 顯示植物在這種土

壤上可以生長到何種程度，圖 104 則顯示復育成功的植被與森林，已緊密覆蓋在圖 102 與圖 103 所示的表土與岩石結構上。

照片拍攝於青島的造林地，但多數林木都是自然生長而成，現在受到德國政府保護，藉此了解在仔細監管下的造林效果有多大。

圖 65（P.129）中所載運的松樹枝燃料便是來自這裡的山地與森

圖 102：山東青島的造林地，缺乏土壤的花崗岩山丘正快速風化。

圖 103：山東青島的造林地。在幾乎寸土不留的花崗岩地表上，稚嫩樹的苗正不斷生長，其中大部分是松樹。

圖 104：山東青島的造林地。在圖 102 與圖 103 所示的土壤條件下，森林與草本植物能夠成長至如此程度。

林，只是地點距離城市較遠。但是，擁有四萬中國子民的青島，以及居民超過十二萬、幅員橫跨海灣的膠州，再加上狹長平原上所散落的其他村落，對於山坡地所生長的植物必定維持極高的需求量。然而奇妙的是，森林居然一直生生不息，並不斷貢獻著大量的燃料。

森林花園裡有山東本地最漂亮的野生黃玫瑰，常用來妝點公園景色，很值得引進適合其生長的其他國家。黃玫瑰一叢叢地種植成一百八十到二百四十公分高的圍籬，鮮豔、飽滿又亮麗的黃花帶來絕佳的視覺效果，每一朵花都如紅玫瑰般豪氣地綻放。花瓣尖端轉為接近稻草的漸層淡黃，中心則是深橙色，強烈的對比就連在圖 105 中都能窺得一二。

黃玫瑰還有另一項既美麗又令人驚豔的特點，一團團的花朵會朝

圖 105：近距離觀賞青島森林花園裡種植的山東野生黃玫瑰，這些植物常用來裝飾公園，令人賞心悅目。

同一面盛開，就好像花圈一樣整齊，長度有時能達到三十至四十六公分，花朵緊密地排列，甚至相互重疊。

隔天一早，我們搭早班火車前往濟南考察鄉村景觀，也發現這應該是最適合田野調查的地點。我們也決定透過濟南的共合醫道學堂（Union Medical College）尋求翻譯員。

離開青島後，火車繞行膠州灣將近八十點五公里，經過同名的膠州市，此地人口約十二萬人，在一九〇五年的進出口總額超過二千四百萬美元。我們在索鎮經過一塊礦區，礦工以竹簍將煤礦搬到礦車上，並且在開放式的礦車上，將煤礦撒上白灰，藉此防止在運輸途中遭到偷盜。因為撒上白灰的煤礦，在搬運時必定會破壞白灰圖樣，使竊盜行為無所遁形。這種作法在中國相當盛行，常運用在大量搬運的商品上。我們曾看見苦力挑著簍子，裡頭裝滿碾好的稻米，表面也撒上了有顏色的粉末。裁切好的石材在綑綁好並送往市場時，也會像煤礦一樣撒上白灰。

濰縣是另一座擁有十萬居民的城市，我們來到附近時，看見六隊馬車正走在其中一條下陷達二至三公尺深的百年公路上。我們經過了幾條類似的道路，並對如此罕見的地基侵蝕感到疑惑。車隊或許提供的解答，也讓我們稍早的解讀與鐵錚錚的事實相互呼應。車隊沿著田野間蜿蜒起伏的道路行走，除非距離很近或是車隊在路上揚起沙塵，否則幾乎難以察覺車隊的存在。

濰縣鄰近中國其中一條大型商業公路，並且地處山東省一座礦區中心。繼續往濟南前進，我們接著經過青州府，這是山東省另一座人口多達五萬的大城。我們整天都穿梭在一排排小麥田間，高密東邊的山坡地也種植小麥，不過是由此往西朝濟南方向以單排或雙排連續條播。這一天裡，我們看見數千口如圖 107 所示的灌溉井，其中有許多都是最近才鑿好的，目的是灌溉遭逢嚴重乾旱的大麥。

晚上六點半，火車即將駛入濟南車站；我們在七點半用完晚餐，招了一輛人力車帶我們前往學堂尋求翻譯員。我們不會說中文，年輕小車伕不會說英文，當然也完全聽不懂，只好由酒店老闆告訴他我們的目的地。

我們進入中國大城中的狹窄街道，車伕在能跑的地方加緊腳步，遇到密集的人群或顛簸的碎石路面就放慢腳步。我們經過許多轉角、越過橋樑，也穿過高聳城牆上的拱型隧道，等到夜幕低垂，車伕便點起一盞燈籠。我們原本預計在半小時內抵達學堂，但此刻已經過了一個小時。過沒多久，車伕停在一位警察面前與其攀談，好奇的路人聚集在我們身邊，才發現我們在狹小的街道上迷路了，在這擠滿三十萬人的中國城市裡無的亂竄。

再繼續前進也是徒勞，醫道學堂可能已經大門深鎖。我們只能比手畫腳表示我們想返回酒店，然而車伕卻看不懂。先前在火車上，有位親切和藹的老德國人認識了我這位同在異地的陌生人，並主動提供有用資訊，從他的日報剪下一張推銷優質酒店的廣告單，上面以德文、英文及中文印著我們的酒店名稱。我們將廣告單交給警察，指著酒店名稱並比畫表示想返回酒店，但顯然他看不懂文字，還以為我們在指引前往學堂的路線。

人群中有一位男性與孩童自願送陪我們走一趟。群眾散去，我們也隨即動身，經過更多轉角、駛進更多昏暗的狹小巷弄，其中一條巷弄連人力車都很難進入。如護衛般陪同的兩人後來也離我們而去，灰暗的巷弄最後卻帶我們走進一條死胡同，或許是我們隨著點燈的隧道而三度行經的另一處城牆。車伕在此停下腳步並轉過身來，但燈籠的光線太過微弱，我們無法透過他的表情了解他現在的心情，我們的語言在此急迫窘境下也毫無用武之地，所以再次比畫著要他往回走，終於在晚上十一點尋著某條路線回到酒店。

我們放棄到學堂尋求翻譯員的想法，搭乘早班火車返回青島，恰巧透過史考特先生辦公室的熱心相助，獲得朱維勇先生令人滿意的翻譯服務。我們曾兩度透過兩座城市之間的道路往返，已經概略了解農村、農田與作物在此季節中的運作。

隔天早上，我們又搭早班火車前往滄口，準備考察此地農田，並與最年輕一代的農民交流，**這些智慧與體魄兼具的農民，靠著有限的土地，在不損耗地力的情況下維持著大家庭的生計，四千年來從不**

圖 106：山東地區簡單又好用的犁。

間斷，圖 106 便是其中一塊農田的照片。我們詢問老農民，是否有此殊榮能在他那小塊田地中借用他的犁走一圈，他有些驚訝，也欣然答應。我們拉出來的犁溝不及他的熟練，也比不上使用奧利佛牌（Oliver）或強鹿牌（John Deere）雙柄犁的效果，但還是比老農民所預想的好一些，也贏得他的讚賞。

這種犁具有品質良好的鋼尖，是獨立成型的鈍角 V 字結構，以及轉折彎度適中的鋼鑄犁板，提供極佳的翻土效果。犁柱與犁底是木頭材質，犁轅一端有個能調整犁溝深度的調節器。農民當時以二點一五美元購買這具犁，當每天工作結束後，就將犁扛在肩上帶回家小心存放，即便路途可能超過一點六公里也不喊累。

我們透過翻譯員得知，此人家中共有十二人，全靠二點五英畝的土地維生，農耕用的牲畜包含一頭牛與一隻小驢，另外還養了兩隻豬。換算下來，等於靠一塊四十英畝的農田養活一百九十二個人、十六頭牛、十六隻驢子與三十二隻豬；也等於有三千零七十二個人、二百五十六頭牛、二百五十六隻驢子與五百一十二隻豬只靠二點六平方公里的耕地生活。

我們也在另一小塊地上與站在圖 23（P.50）的水井旁的農民交談，當時他正在灌溉長四十一點四公尺、寬二十九點七公尺的大麥田。他擁有的耕地不過一又三分之二英畝，家中卻有十個人要吃飯，同時還養了一隻驢與一隻豬。這等供養力等於靠四十英畝的農地養活二百四十個人、二十四隻驢與二十四隻豬；也等於有三千八百四十個人、三百八十四隻驢子與三百八十四隻豬都靠二點六平方公里的土地生活。在收成好的季節，他的年收入約為七十三美元。

這兩塊農田都種了小麥、大麥、小米、高粱、番薯跟大豆或花生。山東省的婦女與小孩會在家中將許多草桿編捆成束，我們返回上海時所搭乘的輪船也載了裝滿脫殼花生的麻布袋，以及要運到歐洲與美洲作為草帽原料的一束束草桿。

雨量決定農耕方式

山東的降雨量不多，每年只略多於六十一公分，而雨量也成為決定農民長久以來所奉行何種農耕方式的關鍵因素。圖 107 比圖 23（P.50）更近距離觀察農民在一小塊大麥田上的灌溉行為。這口二點四公尺深的水井剛剛鑿好，而且是為了灌溉這塊田地所刻意開鑿，灌溉完成後便會將其回填，並在上面種植作物。

圖 107：山東省，臨時水井與攜帶式灌溉用具。

本季特別乾旱，以前也曾有過一次，居民都害怕會發生饑荒。從去年十月到我們今年五月二十一日造訪以來，青島的降雨量只有六點二公分，大家沿著四百零二點五公里長的鐵路兩旁挖了幾百口臨時水井，等到地上的作物灌溉完成後同樣都要回填，再將土地用於種植下一期作物。居民的住家都位於一點六公里外、甚至更遠的村落，持有地或租賃地則散落各處，相隔著不小的距離，所以灌溉用具的設計都以方便攜帶為主要考量。水桶相當輕便，將編好的籃子裡塗上防水的豆粉糊就完成了。絞盤就像穿在一根針棒上旋轉的長型線筒，支柱則是裝有可拆卸支腳的三角架。我們看見的某些水井深達四點八到六公尺，旁邊有一頭綁著繩索的牛，驅著牛行走便可拉起汲水桶。

在梅耶曼斯博士的熱情協助下，我們在德國氣象觀測站取得青島地區十年來的降雨量及分布紀錄，並且加入威斯康辛州麥迪遜地區的資料相互比對，如下方列表所示。

	月平均降雨量		十日內平均降雨量	
	青島	麥迪遜	青島	麥迪遜
一月	10.01	39.62	3.33	13.21
二月	6.10	38.10	2.03	12.70
三月	22.66	53.85	7.54	17.96
四月	31.50	64.01	10.49	21.34
五月	41.55	91.95	13.84	30.66
六月	68.63	104.14	22.89	34.70
七月	168.57	99.06	56.18	33.02
八月	140.13	81.53	43.66	27.18
九月	62.18	80.01	20.73	26.67

	月平均降雨量		十日內平均降雨量	
	青島	麥迪遜	青島	麥迪遜
十月	57.35	61.65	19.13	20.50
十一月	10.06	45.21	3.35	15.06
十二月	17.32	44.96	5.77	14.99
總計	626.92	803.91		

（單位：公釐）

（註：原文英寸單位換算成公釐單位）

雖然山東的年雨量不足六百三十五公釐，而威斯康辛的年雨量超過七百八十七公釐，但山東在六到八月的降雨量有將近三百六十八公釐，威斯康辛在這三個月只有二百八十四點五公釐。如此大量的夏季降雨，加上持續施肥與積極的土壤管理，都是相當關鍵的因素，使位於溫暖緯度的山東得以供養三千八百二十四萬七千九百位居民，而同等土地面積的威斯康辛，供養人口卻只有二百三十三萬三千八百六十人。美國所必須養活的人口，是否有一天也會增加到目前的十六倍之多？若是如此，就必須依循同樣積極又有效的作法，而這些古老國度的居民基於何種原因實行此種農法、他們是如何成功、人類又該如何進一步改良農法，並透過更徹底利用物理力量與機械用具來減輕人類的負擔，都是我們必須盡可能詳細且盡早理解的課題。

解旱的方法

我們來到另一塊田地，看見一對母女正將番薯移植到土壤幾乎乾旱、經過細心整起的土墩上，這裡是水土嚴重流失的山坡地上僅存的高台（圖 108）。丈夫肩上正挑著兩個桶子跨越阻礙腳步的溝壑，從四百公尺外的河谷運水前來灌溉土壤。他在溝壑裡挖了四個間隔排列的洞，並利用修補過的破葫蘆勺子依序輪流從洞裡舀水倒入桶中。

女兒正忙著移植種苗，將種苗尖端夾在拇指與食指間，往前用力一插就在鬆軟、乾燥的土壤中開出一條溝；隨後，將手往後移動並向下塞入，把種苗給種好，再將周圍土壤鋪平，只留下一處凹槽，讓母親用另一隻葫蘆勺子灌進大約零點五公升的水。等水滲進土中，將乾土鋪在幼苗周圍壓實，再撒上一些鬆軟的土，過程中唯一的工具只有雙手跟勺子。

父母兩人穿著粗糙的衣物，女兒則是衣著整潔，纖弱的雙手還裝飾著戒指與手鐲。母女都沒有纏足。這一家子共有十口，他們在附近類似地區有幾塊不大的麥田，小麥已經接近收成，但全都種在以鋤頭

圖 108：山東的土壤侵蝕嚴重，殘餘的高台上種著小麥。

圖 109：農民取水用於移植番薯，扁擔兩端分別是標準石油公司的油桶與中國傳統石罈。

開墾的山坡地上，雖然環境普遍極度乾旱，卻還是長得相當健壯。由於預期雨季即將來臨，所以才在如此極端的環境下種植番薯，但這個夏季乾旱得非比尋常，饑荒或許即將來臨。政府最近發布禁止山東省出售綿羊的命令，以因應可能要充當糧食的需求。就在我們行經一處村落，有位婦女向我的翻譯員詢問，我們是不是來協助降雨的，顯然村民正承受著莫大的壓力。

某位擁有十英畝地的大戶農民表示，在收成好的季節，每畝地的小麥收成量可達到九十六公斤，等於每英畝二十一點三蒲式耳，但他預期本季頂多只剩下一半。他用的肥料是泥土堆肥（成分稍後再談），與穀粒混合後再跟種子一起撒在山坡上，每英畝用量大約二千三百九十九點八公斤，花費據他估計約等於八點六美元，每噸三點二二美元。圖 110 上圖就有一堆準備施用在田裡的這種堆肥。圖中也看得出來這塊庭院多麼乾淨，以及農民多麼細心地將牲畜糞便儲存起來。牛與驢子都能作為農耕幫手，圖 106 便是利用動物犁田的農民。圖 110 下圖的土墩是墳墓；動物後方的籬笆是以大棵的高粱桿所編成，驢子右方的則是由泥土砌成，可看出木料的匱乏。房子的屋頂也是以茅草搭建，牆壁則是土牆，牆面抹上混入粗糠的泥土灰漿。

在另一塊田裡，有位正在為番薯犁田與施肥的男性，已經先將磨成細粉的乾燥堆肥搬到田裡堆放。父親正在犁田，十六歲的兒子則跟在後頭，負責把簍子裡的乾燥堆肥粉撒在犁溝底部。下一道犁溝會將肥料蓋住，四道翻過的犁溝形成一條土丘，等另一位大兒子利用一把沉重的手耙將土面整平後，就可以種下番薯。因此，肥料是直接埋在土丘底下，每英畝用量為三千三百三十公斤，價值約七點一五美元，等於每噸一點九三美元。

我們對於翻土中的濕度感到驚訝，儘管此地普遍乾旱，而且地底的滯留水已經下降到地面下方二點四公尺深，但泥土抓在手裡卻仍然沉重。這片田地以前並未用於耕種作物。

當我們問到「這塊地預計能收成多少番薯」時，他回答「大約二千四百公斤」，若以每蒲式耳重二點二公斤計算，等於每英畝產出四百四十蒲式耳。市場的一般價格為每一百斤一鷹洋，即每英畝可產出價值七十九點四九美元的作物。他的土地價值為每畝六十鷹洋，等於每英畝一百五十四點八美元。

翻譯員告訴我，山東省此地區較富裕的農民平均擁有十五至二十畝土地，若要養活八個人已經足足有餘。這些農民通常會養兩頭牛、兩隻驢以及八到十隻豬。較不寬裕的農民或小農大約擁有兩到五畝

圖 110：同一處農家庭院，上圖為一堆製作完成的堆肥，下圖為農耕用的牲畜。

地，並且會幫大戶農民看管農地。若以一家八口、擁有二十畝地的大地主為基準，每平方公里的人口密度應該有五百九十三人，若以相同農地比例計算，威斯康辛州應該會有八千六百萬人、二千一百五十萬頭牛、二千一百五十萬隻驢子與八千六百萬隻豬。

這些數據只適合套用在生產力最高的地區，但其實山東省有極大範圍的土地無法用於農耕，而且最新的人口普查顯示，本省總人口數只有估計值的一半。顯然若不是此地實踐相當高效的農法，就是此地居民極盡簡樸。其實兩者皆是。

稠密人口的無形壓力

今天的田野考察後，我們的翻譯員在一戶農家享用晚餐，並且為我們買來四顆水煮蛋，花費約等於八點三美分，但其中應該包含他自己的餐費。下表中列出一九〇九年五月二十三日在青島市場打聽到的一些商品售價，並且已換算成美金單位。

	美分		美分
老馬鈴薯 / 磅	2.18	小馬鈴薯 / 磅	2.87
醃漬蕪菁 / 磅	0.86	洋蔥 / 磅	4.10
蘿蔔 / 每綑 10 根	1.29	四季豆 / 磅	11.46
小黃瓜 / 磅	5.73	西洋梨 / 磅	5.73
杏 / 磅	8.69	新鮮豬肉 / 磅	10.33
魚 / 磅	5.73	蛋 / 打	5.16

（註：一磅約等於零點四五公斤）

只有醃漬蕪菁、蘿蔔與蛋的價格比美國便宜。表中列出的商品在當地大多並非當季食材，除了蕪菁、蘿蔔、豬肉、魚跟蛋以外，都是為了外國人而特地進口。羅斯教授告訴我們，他在陝西看見四顆蛋只賣一美分。

翻譯員要求每天補貼一鷹洋或四十三美分作為餐費。此地的農工年薪為八點六美元，其中包括食宿費。我們詢問當地傳教士聘請居家服務的薪資。一般認為中國僕人的效率、忠誠度與可靠度都很高。傳教士力格（League）夫婦習慣讓僕人保管上市場採購用的錢包，也覺得他們很擅於殺價。一般而言，當他們受命購買某樣物品時，如果發現價錢比原本高出一、兩塊，就會轉而選購較便宜的替代品。如果雇主質疑為何沒依照指示購買，便會回答「太貴了，買不起。」

力格夫人談到某次僕人使用美國廚具烹調的經驗。在添購了現代化爐具與烹調用品後，她曾教導僕人熟悉廚具的用法，而令她大感驚訝的是，幾天後再次巡視廚房，發現爐具上放著老舊的中式火爐，而且也用原本的中式廚具來烹調。她問僕人為什麼不使用新的爐具，他回答：「太浪費火了。」對他們而言，沒什麼比不必要的揮霍、任何形式的浪費或在採購時當冤大頭更令人難受了。

根據種種跡象，我們愈來愈能深刻感受到稠密人口數百年來所不斷帶來的壓力，也能發現壓力對於人類後代的體格、習性與性格遺傳帶來影響，甚至連牛羊都無可避免受到壓力所波及。我們在山東多次看見有人趕著二十到三十隻綿羊走在沒有圍籬、蜿蜒又狹窄的田間小路或墓地上。普遍乾旱的氣候使他能放牧的青草量稀少，然而羊群只是與青翠的小麥及大麥擦身而過，並不會干擾作物。羊群時不時會因為火車接近而竄逃到麥叢間，但很快又會在不啃食麥叢的情況下被趕回原處。牧羊人只要發出呼聲或準確地投擲土塊，就可以避免羊群意外啃食作物。

在江蘇與浙江省常能看到一列五、六隻的白山羊，就像串珠般以一條繩索拴著，隨著腳步沿路啃食青草，有時還是由孩童牽著羊。這裡也一樣，時常能在田間小路或河岸邊看見無人看管的水牛正在吃草，而且周圍種植著各種作物。

最令人記憶深刻的景象是在中國浙江，當時我們正在低矮的中國船屋上，透過門廊望著一片美景，置身於白日夢中。天空的景色與河岸的植被讓我想起童年，當我們沿著河岸邊搖曳的草皮往上看，就好像沿著白河溪邊滑行，彷彿只要站起來就能看見故鄉的景色。

就在此刻，從門廊映入眼簾、襯著夕陽染紅的天空昂然而立的，是一頭巨大的水牛，有如雕像般佇立在一座距離地面三公尺高的巨大墳墓上。但腦海中隨之而來的是另一幅景象，那是十四年前的回憶，來自遙遠的特羅薩克斯（Trossachs），當時我們的馬車在山坡上忽然急轉彎，眼前出現一頭野生的蘇格蘭公牛，同樣也襯著晴空佇立在一小座孤立的岩石山峰上；回憶飛快地穿越兩片大洋與中間的大陸，在狹窄門廊間的美景以每小時八公里的速度逐漸消失前，將我們的思緒帶回中國。

在滄口附近的田地，我們在一條田間小路上與稍早提過（圖 27〔P.54〕）的健壯搬運工擦身而過，這條路從膠州出發，沿途穿越許多農村，工人已經推著推車跋涉了十七點七公里，推車上滿載著日本製的火柴。在上海與其他城市所預見的許多車伕都來自山東，他們也會在收成季節前往西方或東北地區找工作，等到冬季才返回家鄉。

亞歷山大・霍西（Alexander Hosie）在描寫東北地區的書中提

圖 111：山東的小麥田，即將在格外乾旱的季節中成熟。

到，每年春季光是烟台市就有超過二萬名中國勞工搭乘輪船前往牛莊（營口別稱），還不包括經由舢舨或其他途徑的勞工在內，所以每當收成季過後，都會有超過八千人搭乘輪船返回烟台，等到春季再從原路出航；據此，他推論山東每年為東北地區提供了將近三萬名的農工人力。

山東小麥田在這次旱季接近成熟時的概況如圖 111 所示。與作物行列間的雨傘對照之下，看得出來小麥大約超過九十公分高。麥田遠方的右側有幾座墳墓，將天際線畫成鋸齒狀。照片視野中沒有山丘，因為我們位在廣闊的海洋沖積平原上，地處形成山東高地的兩座山脈凸島之間。

克服惡劣路況的手推車

我們在五月二十二日從青島搭火車西行約九十六點六公里，來到膠州北方的田野上，此地位在膠州灣高水位線往後延伸四十八點三里的中心地帶。德國人在此仿造歐洲最優良的規格鋪設了一條寬廣的碎石路，但上頭行駛的卻是如圖 112 所示，擁有四千年歷史的車輛。

除非車輛與勞力的價格有所變化，否則著實令人懷疑乘客在這條新路上來往時的顛簸程度比起舊路會有所改善，以至於認為修築道路的花費有其價值所在。在擁有上億人口與悠久歷史的大國，道路品質卻比人力搥打的小徑好不了多少；然而也一直到上世紀的科學敲出

圖 112：數百年來所使用的車輛與其他運輸工具，正行駛在膠州地區由德國人建造的現代道路上。亦可參照圖 71（P.136）。

一條康莊大道為止，現代運輸方法才開始得以讓所有人受惠。在一直以來的歷史中，這些人主要靠著雙腳搬運重物，而且大多託付給成群男性的雙腳，而在負重能夠妥善分割的狀況下，便成了個別男性的重擔。牲畜一直被當作負重的輔助工具，但也跟人類一樣，直接靠腳部來承載重物，這種方式受路面不平所干擾的程度最小。

若要適應最惡劣的路況，沒有其他車輛比得上靠單輪與雙腳行進的手推車。在中國除了扁擔以外，泛用率最高的工具非手推車莫屬，世界上也沒有其他手推車能讓使用者像中國人一樣發揮極高的人力效率，從圖 27（P.54）便可清楚看見，幾乎所有重量都由位置較高、裝設寬型車胎的輪軸所支撐。推車手柄上有條肩帶能減輕手上承受的壓力，當貨物太重或路況不佳時，能另外以人力或動物協助拉行，甚至在起大風時，裝設風帆增加推力的作法也不在少見。只有在中國北方以及地勢平坦、河道稀少的地區，二輪拉車才比較常見。在東北地區，如圖 182（P.313）所示的這類重型拉車，車輪大多堅固地裝設在輪軸上一同轉動，軸承則設在拉車的底板上。

在內陸水路的建設與利用上，中國人絕對首屈一指。他們在內陸運輸方面，顯然是依循對個人活動阻力最小的路線所開發，彰顯出中國人的勤奮性格。

在北京與這廣闊帝國最遙遠的地區之間，存在著互通往來的貨道或郵道，通常囊括了二十一條道路，而這些道路也盡可能採取最短路線，通常會取道於山邊甚至穿越隧道。在平原地區，道路可能寬達十八至二十一公尺，並且鋪設著路面，路邊偶有成排的樹木。某些路上每隔約五公里就蓋有信號塔，沿路還有旅店以及供士兵駐紮的中繼崗哨與駐點。

貧瘠土地的耕作

我們曾提過藉由條播以及在山坡地上成排種植的穀物。圖 113 是成兩排種植的農田，每叢作物間隔四十點六公分，前後便留有七十六點二公分的空間。兩排作物的間隔也是七十六點二公分，整體面寬一百五十公分。如此可方便在早春時節與每次降雨後頻繁的鋤草工作，並使植物在施肥時得以吸收最多的養分，也方便農民在有需要時重複施肥。此外，農民也能將留空的地面進行整地與施肥，接著在清除第一期作物前就種下第二期作物。每行之間的麥叢交錯排列，在兩叢中心之間距離六十一至六十六公分。

圖 113：山坡上成排種植的小麥，兩排小麥間隔七十六點二公分，株間距離四十點六公分，面寬達一百五十公分。

種植作業可以靠手工完成，或是如圖 114 所示，透過能夠在山坡地耕種、小巧簡便的條播機來進行。當我們與這位農民在家門口碰面時，他剛扛著條播機從田裡回來。他為我們說明條播機的構造與作業方式，也允許我們拍攝照片。條播機上有塊重物，會在開口之間的空隙上方分別朝條播機的兩條腳擺動。在種植時，農民將條播機來回搖擺，使重物先擺向其中一個開口，再擺向另一個開口，藉此使兩排苗株交錯排列。

我們計算幾塊田地裡的每點麥叢中有幾株小麥，約在二十到一百株之間，而稍早已經提過每排與每叢作物之間的距離。在地下水較靠近地表、土壤含水能力較好、土壤品質也顯然較好的地方，一叢小麥中的株數也比較多。其中有部分是因為分蘗的結果，但我們認為農民

圖 114：剛從田裡扛回家中的雙排式條播機。

在播種時必然有所判斷，因而在較為貧瘠、水分較少的土壤中播下較少的種子。在圖 113 中，每叢平均有四十六株小麥，麥穗中的麥粒數量介於二十至三十顆之間。若以理察森（Richardson）所估計每磅小麥含有一萬二千顆麥粒為基準，這塊田地在每年旱季時每英畝可收成十二蒲式耳。

我們這位翻譯員的雙親住在高密附近，只要繼續西行四站便可到家，他表示在一九〇一年的豐收季時，當地農民的每畝地收成量高達五百二十五公斤，約等於每英畝一百一十六蒲式耳。雖然只是一小塊地區，在高度施肥與細心耕種下，只要降雨量充沛或是經過充分灌溉，依然可能如此高產，而且我們在江蘇省也曾觀察到，有些面積不大的田地收成量確實與此相去不遠。

當天稍晚我們來到另一塊田地，有三個人正在為小米與玉米進行間苗，其中一人是年僅十四歲的男孩。玉米的產量通常為每畝地二百五十二至二百八十八公斤，小米則為三百六十公斤，或是每英畝六十至六十八點五蒲式耳的玉米，小米則是九十六蒲式耳，每蒲式耳約二十二點五公斤重，每英畝玉米的收入約為二十三點四八至二十六點八三美元，小米則為三十點九六美元。

我們走在這些田裡，發現秋季播種的穀物顯然比春季播種的大麥更耐旱，也許是因為成長期較長，使根系得以發展得更深入、更強壯，也有部分原因是小麥的生長得較早，能夠充分利用大麥播種前所降下的雨水。

此地農民有獨特的鋤草習慣，從早春時節就會開始，而且每次下雨後也會鋤草，確實很了解泥土護根層的效力。他們的鋤頭如圖 115 所示，為了達成效果而經過特別打造，寬刃鋤板的斜角幾乎與地面平

圖 115：在山東所見，利用沉重的寬型鋤頭刨出護根層的方法。

行，鋤土深度較淺，並且能使土壤挖起後直接落在原位。這種鋤頭包含三個部分：木製的手柄、又長又粗重的鐵製套柄，以及鋼製的可拆卸式鋤板，可以將不同形狀的大小的鋤板裝在同一支套柄上。用來刨出護根層的鋤板有三十三公分長、二十三公分寬。

立方體堆肥

沿著青島與濟南間長達四百零二點五公里的鐵路兩側，隨時都能看見田裡頭散布著成堆的泥土堆肥，圖 116 中便是其中一堆。有些堆肥堆在尚未種植的田裡，有些堆在作物即將收成的田裡，或是堆在已經種植作物、將要在行列間種植另一批作物的空地上。有些堆肥高達一百八十公分。所有堆肥的形狀都堆成立方體，頂部很平坦，並且仔細地抹上一層泥土灰漿，有的已經因為乾燥的皸裂，如圖 116 所示。我們未能得知如此精心塑形與塗抹灰漿的原由，而據翻譯員表示，是為了防止堆肥被盜用於鄰近的農田。這種加工方式能發揮封存的效果，顯示堆肥是否遭人偷挖，但我們懷疑透過如此費力的方式加工，應該還有其他效果才是。

圖 116：堆在山東省田裡、仔細抹上灰漿等待施用的泥土堆肥。

這種泥土堆肥每年在山東省的製作與施用量極大，就上面提到的例子而言，單是一種作物，每英畝土地就要用上二千二百五十公斤，有的甚至多達三千一百五十公斤。當同一塊土地在一年內種植兩種以上的作物，而且每種作物都經過施肥，表示每英畝耕地總共會用上三到六公噸以上的肥料。我們稍早已經提過在江蘇、浙江與廣東省製作堆肥與施肥的方法。在山東省、直隸省，以及東北地區北至奉天等地，採用的方法則大不相同，甚至更耗費勞力，不過顯然很合理又有效。在這裡，幾乎所有堆肥都是在村莊中製作完成再運到田裡，無論路途有多遙遠。

力格牧師相當熱心地陪我們搭火車前往城陽，我們還從車站往回步行三點二公里，來到一處較富足的鄉村觀察他們製作堆肥的方法。我們在將近傍晚時分抵達村中，農民們正從四面八方的農田返家，有些扛著鋤頭、有些扛著犁、有些挑著條播機，還有些人牽著驢子或牛隻，而日本也有類似的習慣光景，如圖 117 所示。這些大多是年輕男性。我們來到村裡的街上，有些光頭的年邁男性與剛從田裡返回、常把辮子盤在頭頂上的年輕農民正在一起聊天、抽菸斗。

說到此地對天然資源的保護，著實是值得所有文明國家借鏡的絕佳機會。美國每年的菸業花費高達五千七百萬美元，其中涵蓋了菸草、土地，以及將成品送到消費者手中的勞動力與市場價格，而癮君子們在吞雲吐霧間，將有害產物呼進所有人都必須吸取的空氣之中，弄髒了街道、人行道、各個公共場所與交通工具的地板，也汙染了數百萬的痰盂、吸菸室與吸菸車廂，這些都是不必要且應該避免的影響，偏偏在民有、民治、民享的國家中，一切吸菸措施的設置與維護都必須由吸菸者與未吸菸者共同負擔。如此昂貴、汙穢又自私的吸菸行為應該畫下句點。從每個新的家庭開始，讓母親協助父親拒絕樹立負面的形象，讓沉溺於吸菸的行為在公共學校與所有教育機構中徹底禁絕。

力格先生曾收到一封關於村內某位農民領袖的介紹信，當我們來到他家門口時，碰巧遇見他兒子，剛剛扛著條播機從田裡回來，圖114中手拿介紹信的農民就是他。在我們拍攝完他的照片，又從相同位置拍攝了狹窄的街道後，他便帶我們來到家中一小塊開放式庭院，長約二十四公尺、寬約十二公尺，四周平房的門都是朝向院子開啟。院子裡相當乾燥，而且幾乎沒有綠色植物，不過有一排高聳健壯的樹

圖 117：結束整日辛勞後返家的日本農民。

木，是美國楊樹的近親，樹幹到樹枝長約九公尺，彷彿從矮茅草屋的屋頂上俯視著庭院。我們在此見到扛著條播機那位農民的父親與祖父，農民也將跑到街上迎接自己的兒子抱在手上，我們可說是與四代同堂的男丁會面。他們家中當然也有婦女跟女孩，只是礙於習俗，女性不能在這種場合露面。

農民將一把四腳的長型矮板凳拿到院子裡，跟美國木匠長一百五十公分的鋸木架相差不遠，大家很自然地坐在板凳上。先前在浙江省的吳夫人家中也是這樣招呼我們。我們右邊是通往廚房的開放門廊，廚房裡站著一位直挺挺的高挑身影，是家中的長者，他的眼眸仍然烏黑，頭髮與稀疏綿長的鬍鬚則是一致的灰白色調。他似乎負責掌廚，因為我們來此叨擾時，他便點亮廚房的燈忙個不停，不過在年輕晚輩對某些疑問發生歧見時，也扮演著權威的角色。

廚房旁邊緊鄰著兩間臥房，裡頭的寬型炕床能夠傳遞廚房裡的餘熱，本書先前曾描述過這種結構，這些便是靠庭院這一側的廂房。我們左方與主街只透過一面與屋簷同高的堅實土牆相隔，而在我們前方與街道接壤的是個一百八十公分深、二百四十平方公分的堆肥坑。牆面下方有個開口，可以用來挖出堆肥，也可以倒入泥土、殘株，或是田裡剩下的渣滓，用來製作堆肥。有個與庭院隔開的豬圈跟堆肥坑相連，兩者共用的屋頂具有封閉結構，並且與臥房相接；在後方沿著我們從巷弄走來的方向，則有其他的住宅與倉庫。因此，這個四代同堂的大家庭擁有極為私人的開放式庭院，可供他們工作並走出戶外接觸陽光與新鮮空氣，依我們的標準來看，這兩者在室內實在太過稀少。

我們此行的目的是更了解這些人的施肥方式。圖 118 中可以看見，我們在入口拍照時，堆肥坑就在我們面前，街道上則堆著從田裡取來、即將用於製作堆肥的泥土。一位拿著菸斗的父親跟兩位男孩站在左側，他們身後是一大堆運入村裡的泥土，被人仔細地堆在街道上；在街道對面第一間房子的角落，有堆從牆後堆肥坑所挖出、已經部分發酵的堆肥。再沿著街道同一邊看過去則是另外一大堆泥土，有兩位男孩分別站在兩邊。在樹的前方、街道的左側站著第三位男孩，他身旁有一隻驢子與第四位男孩，而這位男孩身後是第三堆泥土，再更遠處的對面還有另一堆堆肥的一角。

儘管圖中有牛、有驢、有男人與男孩，還有三堆高高疊起的泥土與兩堆堆肥，但這面寬僅僅四十九點五公尺的狹窄街道還是留有通行的空間，而且出乎意料地相當乾淨。每戶農民都會在住家街上堆放泥土，在行經村落的路上，我們就遇見許多男性正將泥土與堆肥翻攪混合，準備到田裡施肥。

圖 118：山東省農村街上堆著準備當作肥料的泥土與推肥。

在我們所坐的地方，眼前的堆肥坑已經堆滿了三分之二，裡頭有自家中與街上的各種綠肥與排泄物、取自田裡的殘株與粗纖維廢料、未打算直接施用的灰燼，以及一些街上堆放的泥土。也需要不定期添加充足的水分，以確保肥料能充分浸濕，甚至浸泡在水裡，目的是為了控制發酵的品質。

古老的硝化農耕行為

堆肥坑的儲存量取決於要施肥的農地數量，堆肥的製作時間則愈長愈好，因為目標是讓有機物料的纖維完全分解，堆肥成品的質地會變得像灰漿一樣。

在即將為農地或作物施肥之時，以防水竹簍將發酵完畢的成品搬到如圖 110 所示的庭院或街道上鋪平曬乾，混入新鮮的泥土與更多灰燼，再重複翻攪，充分與空氣混合並加速硝化作用。

在加工過程中，無論是在堆肥坑裡或是在加速硝化的地面上，接觸到土壤的發酵有機物質會將植物養分轉化為可溶性養分物質，例如鉀、鈣、硝酸鎂，以及各種可溶性磷酸鹽等形態，或許會成為相同基質或其他有機種類物質。假如時間允許，溫度與濕度條件也合適，就能使田裡的土壤在作物需要養分前發生發酵作用，可以直接從堆肥坑裡將堆肥運到農田中鋪平，再翻進土中。否則，就會持續為有機物料加工，在必要的時候加入更多水分，直到徹底成為養分豐富的肥料為止，再進行乾燥並研磨成細粉，有時會藉由牛、驢子或手工推動石磨來研磨肥料。在青島與濟南之間所看見的大量堆肥都是這一種，先在村裡費工地完成製作後再運到田裡堆起，並抹上灰漿，等到下次播種時便可施用。

歐洲歷史早期，在現代化學發展提供更廉價、快速的方法來製造用於生產火藥與煙火的硝酸鉀之前，將土地與人力投入硝化農耕行為一直是中國獨有的古老農法，或許也是由中國引進。

科學家直到一八七七至一八七九年間才了解，對於農業所不可或缺的硝化作用乃是源自於微生物，從而肯定了世界上平凡農民的貢獻，**正是這些從亞當以來就在漫長世代中親近於大自然、與之共榮為伍的農民餵養了全世界**，我們必須承認，農民掌握了生命的根本真理，並且在他們的時代透過親身實踐而傳承不息。

因此，我們發現早在一六八六的歷史便有記載，山謬・路威爾法官（Judge Samuel Lewell）在日記封面上抄寫了硝酸鉀苗床的製作配方，其中指出必須在苗床中添加「硝母」。在路威爾法官的認知中，硝母單純是從原有的硝酸鉀苗床中取出的泥土，但他的內心使用了「母」這個代表母性的詞綴，意指土壤中所蘊含的某種重要微生物，它能夠繁衍後代並發揮其特殊作用，可說與「醋母」這種古老而常見的微生物如出一格。

同理，乳酪製造者也是掌握了這種概念，才催生出長久以來利用舊乳酪工廠的水沖洗新乳酪工廠的作法，他必然是受到類似經驗的引導，才得以悟出原來自己的作法有多麼關鍵。無庸置疑地，許許多多的人都曾依照經驗行事，但現代人先習得了必要觀念，並且在十年、二十年的專業訓練後，已然將注意力轉移至想要追尋的事物上，再配備能使他們以肉眼看見「硝母」的複合顯微鏡，卻自詡發現了重大真相，實在稱不上什麼榮耀。

所謂冠以榮耀的真諦，應該是我們在長時間懷疑某種本質的存在後，終於成功證明重大發現的真相，然而這背後匯聚了過去某一位或是上百位無名天才的貢獻，他們與生命的進程為伍，經過長時間的緊密關係知曉了生命，並且在這等無形的進程中發現相似的作用，乃至於完整看透了根本的真理，從而建立歷久不衰的實踐法則；如果能夠了解這點，我們便會更加謙遜。

中國農民還有另一種與土壤中硝酸鹽形成相關的作法，同樣也顯現出中國人善於儲存與善用一切有用資源的特性。多虧四川順慶的埃文斯牧師，我們才會注意到這點。這種作法的關鍵在於，房屋泥土地面透過自然的硝化作用很容易充滿大量的硝酸鈣。可溶解的硝酸鈣會在吸收充足水氣後溶解，讓地面變得又濕又黏。埃文斯博士首次注意到潮濕的地面是在自己家中，他原以為是不夠通風的緣故，但在加強通風後卻並未改善。正好，某位助手的父親從事購買這種潮濕土壤以製作硝酸鉀的工作，而硝酸鉀在中國大量用於生產煙火與火藥；助手父親說明了問題所在，並且提出解決方法。

他在村裡挨家挨戶拜訪，並且買下這些過度硝化的泥土。他會先取得樣本進行檢測，再表示他會出錢購買表層五到十公分的泥土，為了換取挖走地面表層的特權，價格有時可高達五十美分，但屋主必須自行修補地面。他從挖走的泥土中過濾出硝酸鈣，隨後將濾出物倒進含有碳酸鉀的灰燼中，將硝酸鈣轉變為硝酸鉀。埃文斯博士得知在我們來訪前的四個月間，此人已經產出足以賣得八十鷹洋的硝酸鉀。他必須花兩天路程才能推銷他的產品，此外，他每個月需要支付八十美分的執照費，還必須花錢購買用於激發變化的灰燼，並且雇用兩個人來幫忙。

若沒有人以此目的收集房屋泥土地所累積的硝酸鹽，農民會直接將泥土運到田裡直接當作肥料，或者加工成堆肥。隨著時間經過，使用在村莊牆面上或甚至用來蓋房子的泥土都可能碎裂，所以需要加以清除，但在所有案例中，土壤的養分價值就好比炕上所用的泥磚，會愈來愈適合製作堆肥，通常也都會做成堆肥。在了解這些原料通常取自底土後，這種土壤改良法便不顯得奇怪，因為底土的物理狀態會在接觸各種天氣後變得更加理想，從而成為尚未耕種過的處女土。

雖然我們無法取得關於堆肥化學成分的確切資料，也無法提供山東農民每年使多少養分回歸農田，然而幾乎可以確定，施肥份量一定很接近作物從土裡吸收的養分。土壤看起來都補充了足夠的有機物質，菜葉色澤與作物整體狀態也顯示其吸收了充足的養分。

土壤養分的回歸與補足

我們先前在村裡所交流的農家表示，他們每畝地[2]的小麥年產量，穀粒通常多達二百五十二公斤，能賣到三十五貫銅錢，麥桿更高達六百公斤，約能賣到十二至十四貫銅錢；此時每貫銅錢等於墨西哥鷹洋四十分。他們的豆田所收成的豆子能夠賣到三十貫銅錢，豆桿的大約八到十貫銅錢。每畝小米通常可收成二百七十公斤的穀粒，可賣二十五貫銅錢，另外還有四百八十公斤的草桿，可賣十到十一貫銅錢；每畝地的高粱則能帶來二百四十公斤的穀粒，價值二十五貫銅錢，高粱

2　此地的一畝地約為法定單位的四分之三畝。

桿則有六百公斤，可賣到十二至十四貫銅錢。換算成每畝地的蒲式耳產量並以美金計價，每畝小麥田可產出四十二蒲式耳的穀粒，價值二十七點零九美元，以及三千六百公斤的麥桿，價值十點零六美元。接在小麥後頭是大豆，豆子與豆桿可分別帶來二十三點二二美元與六點九七美元的收入，兩種作物共可使每英畝地賺得六十七點三四美元。小米田的穀物收成量為五十四蒲式耳，草桿為二千一百六十公斤，分別可賣到二十七點零九美元與八點一二美元的收益，每英畝高粱則可產出四十八蒲式耳的穀粒與二千七百的高粱桿，分別可賣得十九點三五美元與十點零六美元。

拿上述的小麥來說，若不將穀粒與麥桿中所含的養分回補到田裡，將會消耗掉土壤中大約四十點五公斤的氮、六點八公斤的磷與二十九點三公斤的鉀；若大豆中的養分也是只出不進，以產出四十五蒲式耳的豆子與二千四百三十公斤的豆桿為基準，將會使土壤損失約一百零八公斤的氮、十四點九公斤的磷與四十五點九公斤的鉀，但這是撇除豆類對土壤的固氮效果不談，實際上當然不至於如此。

因此，為了維持農地土壤的生產力，這戶農家每年必須以各種形式為每英畝土地補充至少二十一點六公斤的磷與七十五點二公斤的鉀，另外還有一百四十八點五公斤的氮，可以透過施用有機物質，或是借助大豆或其他豆類作物從大氣中固氮的方式來補足。先前曾提過，他們會在種植第二輪作物前施用二千二百五十到三千一百五十公斤乾燥堆肥，使整年的乾燥堆肥量達到五至七公噸。除了堆肥之外，他們也會施用大量的豆渣與花生渣，裡頭含有先前從土壤中吸收的所有養分。如果將藤蔓當作飼料，或是將豆莖當成燃料燃燒，最後幾乎所有養分都會回歸土壤，而農民無疑已經了解該如何補足這些養分。

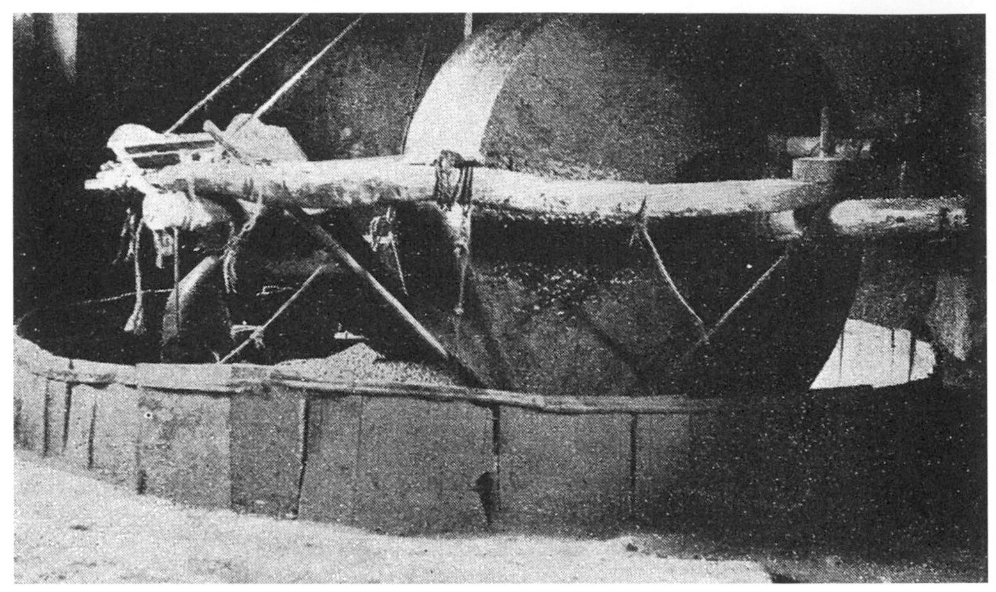

圖 119：在山東省用於研磨大豆與花生的石磨。

圖 120：山東省一處村落磨坊外的兩大塊花生渣餅與油罈。

德國人在青島附近所建設的道路，使我們得以經由人力車前往附近農村，我們也在路程中造訪了一處鄉村裡用來研磨大豆與花生製油的磨坊，圖 119 便是磨坊的石磨，直徑一百二十公分長、厚度有六十公分，在一面圓形石盤上由驢子拉著，沿垂直軸線轉動，由於石磨的旋轉臂極短，可同時透過重量與旋轉動作來碾碎穀粒。穀粒磨碎後便可以榨油，就像先前所提過榨棉籽油的方法一樣，但豆渣與花生渣餅比棉籽餅大得多，直徑約有四十五點七公分、厚達七至十公分。如圖 120 所示，在清潔乾淨的庭院中，有兩塊渣餅立著靠在磨坊外牆上。大量的豆渣餅就是以這種形狀運到中國與日本各地作為肥料，近期也會運到歐洲當作飼料與肥料。

在山東省與更北方地區，我們都不曾見到南方普遍用來儲存人糞的陶缸。在氣候乾燥的這些地區，農民會以乾燥的方法保存糞便。我們發現青島鄰近地區的農民，會將大量的乾燥肥料堆在搭著茅草的遮

圖 121：山東農民正將乾燥的人糞搗成粉，準備在菜園裡施肥。

棚底下。圖 121 中的農民正將肥料加工，準備在農園裡施肥，在這位農家祖父身後的便是茅草棚。他的孫子正將準備好的肥料運到圖 122 中的田裡，孫子的父親則忙著將肥料翻進土中。最辛苦的工作莫過於將肥料搗成細粉並撒進田裡與土壤混合，因為**土壤管理的最高原則之一，就是讓每平方公尺的農地都具有同等的生產力**，藉此，每塊小土地都能在農民得以掌握的範圍內產出最大的收穫。

農民正在整理的這塊地，其中一邊才剛收成過蒿菜，每英畝收益

圖 122：山東農民正徹底將肥料與土壤混合，準備種植當季的第二輪作物。

為七十三點一九元，另一邊則收成了韭蔥，每英畝收益為四十三點八六元。這塊地接下來準備種植中國芹菜。

在中國將泥土當成肥料施用在田裡的作法，無論是取自底土或是運河與河川的淤泥與有機物質，對遠東地區的永續農業必然扮演著重要角色，因為這些額外物質都是對土壤有利的添加物，不僅增加土壤厚度，也能帶來各種養分元素。假如沃土最多占山東農田中所施用堆肥重量的一半，根據我們的觀察，每英畝地在一千年來的施用量將超過九十萬公斤，約等於我們在一般農耕作業中以犁所翻過的泥土量，其中可能含有超過二千七百公斤的氮、九百公斤的磷與超過二萬七千公斤的鉀。

當我們搭乘人力車離開飯店準備搭船返回上海時，發現有位十三、四歲左右的男孩緊跟著我們，當車伕慢下腳步時，男孩也跟著放慢了速度。當時距離碼頭足足有一英里。男孩顯然很清楚出航的時程，並且透過放在前方的行李箱判斷我們要搭上出海的輪船，盤算著或許能幫我們提行李廂上船，藉此掙到墨西哥鷹洋兩分錢。碼頭可能有二十位搬運工等著上工，而他趕了整整一點六公里的路，就是為了搶得先機，但能賺到的錢尚且不足一美分，約等於當時的二十枚「銅錢」。當我們來到輪船前，男孩從後頭接近，但其他強壯的工人正虎視眈眈。男孩朝旁邊被推了兩把，在人力車尚未停妥前，一位體格魁梧的男性隨即拎起行李箱，倘若我們並未注意到默默參與競爭的男孩，他大概只換來一身皮肉痛，白忙一場。

眾人為了生存而奮力搏鬥，就連小男孩也不例外，他拚上一己之力為的是在競爭之中求勝，而當他的收獲超出預期時，縱然感到驚喜，卻也懷抱著感恩的心，著實樹立起教養良好的典範。

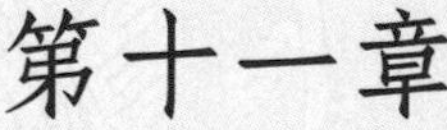

第十一章

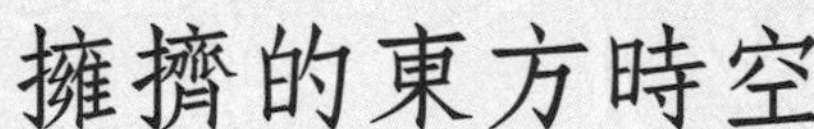

擁擠的東方時空

時間是所有生命進程的函數，就好比每個物理、化學與心理反應的函數，而農民必須依照作物對於時間的要求來調整自己的耕作步調。東方的農民最善於利用時間，從第一分鐘到最後一分鐘都不放過。外國人總是說中國人「永遠很準時」，從不煩惱、從不匆忙。但既然他們都能搶先一步、把握良機，又何必匆忙呢？

這些遠東民族以泥土堆肥製作肥料，並且善用村中火炕、牆壁與房舍中變質底土的習慣，都是很好的例子，顯示他們徹底縮短了農田裡所必經的化學、物理與生物反應時間，因此不僅加快作物的成熟速度，更能藉由田地外的這些變化增加農地面積，同時為作物提供立即可用的土壤養分。

無論是極端潮濕的水稻農法，或是在某些地區因為土壤缺水以至於在農田環境下只能緩慢發酵的「旱作」農法，施用堆肥的習俗都成功為農民帶來最關鍵的效果。西方農民尚未充分體認這項事實，即土壤養分與作物不可能同時快速成長，因為兩者都需要消耗土壤中的水分、空氣，以及可溶性鉀、鈣、磷與氮化合物。無論這條農業實踐上的基本原則是否記載於他們的文獻中，都早已在他們的農法中根深蒂固。假如我們能在節省大量人力的前提下將這項行為的本質加以傳承，或是以更迅速又省力的方式確保最終成果，必然能帶來最重大的農業進展。

省時農法

當我們前往北方的山東省時，江蘇與浙江農民正在執行另一項節省時間的農法，也就是在小麥即將收成前，將棉花種植在小麥田中。我們在這兩省所走訪的地區，農民已經將大部分的小麥與大麥播種在隆起的狹長土丘上，播種方法如圖 123 所示，寬達一點五公尺的土丘之間具有犁溝，圖片前方有一座蓄水池，池邊設有一台四人用踩踏式灌溉水泵，用來灌溉右方的水稻幼苗。播有麥種的狹長土丘由蓄水池往後方景物中的農莊延伸，圖片左方則有座水泵遮棚佇立在運河邊。

為了節省時間，或說是為了延長接下來的棉花生長季，在小麥收成的十至十五日前，農民就將棉籽播在表土上的作物之間。又為了掩蓋棉籽，農民將苗床犁溝中十到十三公分深的土壤翻鬆、仔細搗碎，

圖 123：農田裡剛播好穀類作物的狹長苗床，旁邊有座蓄水池以及四人用踩踏式水泵。

再均勻地撒在苗床上，使土粒散落在作物之間並蓋住棉籽。經過如此處理的鬆土有如護根層一般，能保留表土的毛細濕氣，使土壤充分潮濕，讓棉籽在小麥收成前就能發芽。圖 124 是我們的翻譯員站在另一塊剛以上述方式播下棉籽的小麥田中，不過小麥叢靠得很近，而且高度及肩，無論要播下棉籽或是撒土覆蓋種子都不容易。

我們從山東返回時，這片麥田已經收成完畢，地主表示這塊三百六十四點五平方公尺的苗床共收成二百四十公斤的麥粒與三百公斤的麥桿，等於每英畝地可產出九十五點六蒲式耳的麥粒與三點六公噸的麥桿。圖 125 拍攝於五月二十九日早晨，可看見在小麥收成後的同一塊農地上，棉花已經發苗，從矮短的小麥殘株中冒出頭來。這些苗

圖 124：在即將收成時高達一百四十點三公分的小麥田，已經播好棉籽。

圖 125：與圖 124 為同一塊田地，小麥已經收割完畢，先前播下的棉花已經發苗。

床已經施用過液肥，再過不久便會為棉花苗鋤草，再以大約每平方英尺一株的密集度間苗。兩張照片的拍攝時間相隔三十七日，與先收成小麥再整地播種的方式相比，這種農法能讓棉花的生長時間增加三十日。看得出來，緊接在小麥後種植的棉花並未經過犁田步驟，但土壤又深又鬆，在棉籽種植時也會額外蓋上一層將近五公分的鬆土。除此之外，農地在間苗時還會以兩齒或四齒的草耙深鋤。

複數種植

透過上述方式在小麥田中種植棉花，只是其中一種普遍盛行的特別農法。在這些氣候允許的地區，複種農法是稀鬆平常的作法。有時甚至會在同一塊農地周期性地輪作多達三種作物。先前已經提過將小黃瓜與蔬菜重疊輪作的例子。**將各種作物輪作的作法，造就了田地的多重收成機制，藉此盡可能善用成長季中的每一分鐘，也使農家對於作物的照料幾乎分秒都閒不下來。**

圖 126：田裡的複種農法，包括小麥、蠶豆與棉花。小麥已經可以收成、蠶豆成熟度為三分之二，棉花則剛種植不久。上半部為小麥行列間的景象；下半部為覆蓋地面的蠶豆景象。

在圖 126 的田地中，冬小麥已經接近成熟，蠶豆的成熟度約為三分之二，棉花則是四月二十二日才剛種下。田地被整成各一百五十公分寬的土丘，土丘之間夾著三十點五公分的犁溝。兩排二十點三公分寬、中心距離六十公分的小麥占據了土丘的丘頂，留下一條寬四十點六公分的空隙，如圖片上半部所示，可以方便農民耕種與施肥，最後在小麥收成前用來種植棉花。

犁溝兩側分別種植一排蓋住犁溝的蠶豆，如圖片下半部所示，蠶豆在小麥收成過後一段時間、棉花長大之前就會成熟。而蠶豆收成後，經過另一段耕種與施肥期，便會在晚秋時節種植下一種作物，所以一年內總共能收成四種作物。在這一連串的耕種過程中，必須為每種作物施肥並維持土壤中的充沛水分，才能從土壤獲得最大收穫。

在另一種農耕規劃中，農民會將冬小麥或大麥與例如「中國苜蓿」（*Medicago denticulata*，Willd）等綠肥作物種在一起，如圖 127 所示，並將綠肥翻到土壤下方，為種植在大麥兩側的一排排棉花施

圖 127：農民正將與大麥及棉花種在一起的「中國苜蓿」翻進土裡當作綠肥。

圖 128：直隸地區種植小麥與高粱的複種農法，小麥成熟後會接著種植大豆，成堆的堆肥則是用來為大豆施肥。

圖 129：直隸地區的農家正忙著切下一束束小麥的根部，麥根可用於製作堆肥。

肥。在大麥收成過後，原先占據的土地會再次經過耕作與施肥，等到棉花接近成熟時便可以種下油菜，用來製作冬季食用的「醃菜」。

北至天津與北京都會進行複種農法，一般包括小麥、玉米、高粱、小米與大豆，而這些地區的土壤肥沃度較低，年雨量約只有六百三十五公釐。圖 128 為六月十四日所拍攝的其中一塊田地，兩排小麥與兩排高粱穿插種植，間隔約七十公分。小麥即將收成，但由於種植在貧瘠的砂質壤土中，本季又格外乾旱，因此麥桿特別矮小。

在成排作物之間可看見一堆堆搗成粉的乾土堆肥，準備在小麥收成後用來為土地施肥。小麥會被連根拔起，捆成束之後再運回村子，而根部會被切除以用於製作推肥，如圖 129 所示，農家正忙著將捆成小束的小麥根部切下，工具則是筆直的長型刀刃，將刀刃其中一端固定，再利用槓桿壓力以另一端向下砍斷麥桿。麥根若不是作為燃料，就是運到圍場裡的堆肥坑中，如圖 130 所示，坑壁是以土磚所砌成。

圖 130：直隸地區的堆肥遮棚與豬圈，成堆的麥根擺在一旁，準備用於製作堆肥。

只要加入其他廢棄物料、綠肥或灰燼，並且泡在水中，就能讓原料腐爛至纖維完全分解，最後再與土壤混合就能運到田裡施肥。藉此，豐富的可溶性植物養分便準備完成，其結構不會阻礙土壤水分的毛細運動，所有工序都在農田外進行，原物料能順利完成變化，也不會影響地表上的作物生長。

透過結合中耕與複種農法的系統，東方農民善用了輪作或連作所能帶來的一切優點，包括物理學、生命化學與生物學等層面。倘若不同植物根系在土壤中的緊密聯繫能夠互利彼此，那這種將不同物種緊密並列的種植方法似乎能帶來良機，然而撇開這點，誠如先前所述其他顯而易見的重要效益，或許才是讓農民奉行此道的真正原因。

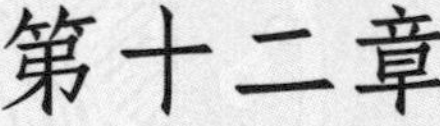

第十二章

東方的水稻種植

中國、韓國與日本的主食是稻米，而在一九〇六年的日本，連續五年的每人每年平均稻米消費量高達一百三十五點九公斤。一九〇六年，在日本共四十五萬四千三百五十九平方公里的土地面積中，稻田面積占三萬三千二百九十七平方公里，其中有三萬二千四百六十三平方公里的每英畝平均水稻產量超過三十三蒲式耳，另外八百三十一點三平方公里的旱地產量則為每英畝十八蒲式耳。在與伊利諾伊州同緯度的日本北海道地區，五萬三千英畝的稻田收成量為一百七十八萬蒲式耳。

據總領事霍西表示，中國四川省平原地區的稻米收成量為每英畝四十四蒲式耳，旱地則為每英畝二十二蒲式耳。根據我們在中國取得的數據，全國每英畝稻田平均收成量為四十二蒲式耳，小麥田的平均收成量為每英畝二十五蒲式耳，而日本的小麥收成量為每英畝十七蒲式耳。

假如中國跟韓國的每人平均稻米消費量與日本人相同，以每人每年消耗量為一百三十五公斤計算，這三國的每年稻米消費量分別為：

	人口	消費量
中國	4 億 1000 萬	6273 萬公噸
韓國	1200 萬	183 萬 6000 公噸
日本	5300 萬	810 萬 9000 公噸
總計	4 億 7500 萬	7267 萬 5000 公噸

若韓國跟中國的水田與旱田比例跟日本相同，且水田與旱田的稻米收成量都同樣為每英畝四十蒲式耳與二十蒲式耳，則滿足產量需求的土地面積需求分別為：

	水田（平方公里）	旱田（平方公里）	
中國	20 萬 2209	1 萬 0370	
韓國	5918	303	
日本	3 萬 2463	831	
總計	24 萬 0591	1 萬 1504	共 25 萬 2095

依據我們在韓國安東、首爾與釜山鐵路沿線六百四十四公里的觀察顯示，這個國家的實際種稻面積比估計資料更大；而如本書第 86 至 92 頁所述，以中國的渠化土地面積推算，實際種稻面積與估計值相差不遠。

在日本的三大主島，超過百分之五十的可耕地每年都會收成稻米，面積相當於除了北方庫頁島以外全國土地總面積的百分之七點九六。在台灣與中國南方地區，每年可收成兩期稻米。用來計算中國平均產量的種稻面積，約等於全國總面積的百分之五點九三，比美國在一九〇七年的小麥種植面積多出一萬九千二百五十一平方公里。然而，美國的小麥產量為一千九百三十八萬公噸，但中國相同土地面積的稻米產量卻高達兩倍之多，甚至接近三倍。更別提除了每英畝土地的龐大產量之外，超過百分之五十、甚至多達百分之七十五的土地，都會在一年之中收成另外一種作物，也許是小麥或大麥，主要也都作為人類糧食。

倘若東亞民族在東亞地區以外也擴張到北美地區，或許也會開鑿出如圖 131 所示的大運河，從格蘭德河（Rio Grande）延伸至俄亥俄河的河口、從密西西比河來到切薩皮克灣（Chesapeake Bay）。

可能因此出現超過三千二百二十公里長的內陸水道，能夠作為商

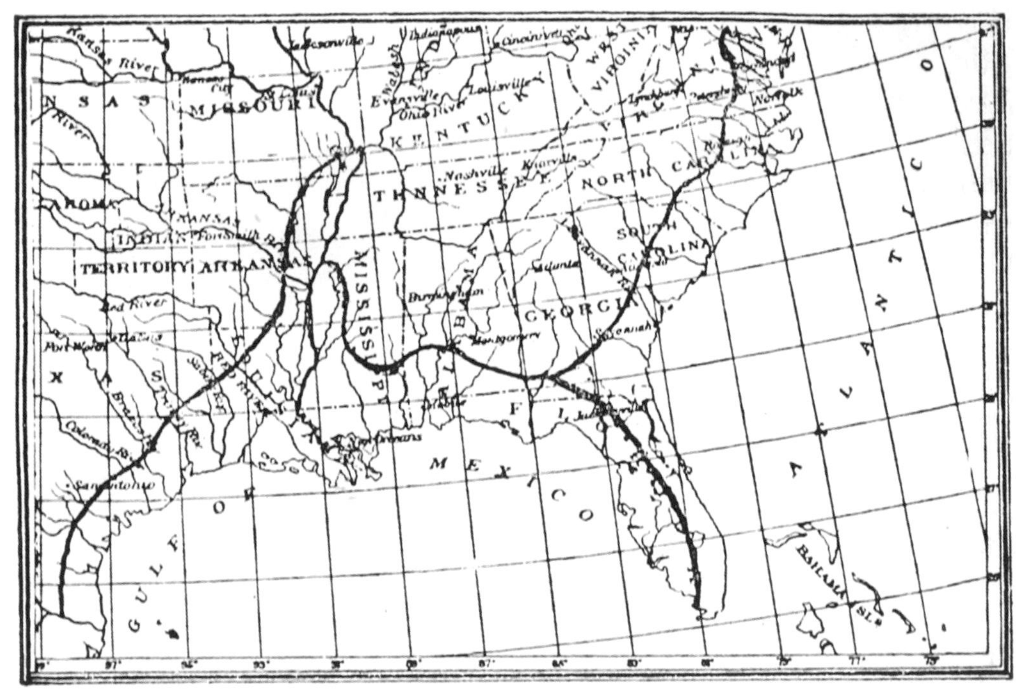

圖 131：美國可能出現類似中國大運河的地區。

業用途，並且將逕流與土壤侵蝕所流失的肥沃度匯集起來，再重新輸送到超過五十一萬八千平方公里、經過徹底渠化的海岸平原地區，改善現今因為蓬勃發展的過度浪費而貧瘠不堪的土地。

然而，又有誰能大聲說出來，如此節儉的農法可以增加多少噸的糖、多少捆的棉花、多少袋的稻米、多少箱的柳橙、多少籃的桃子、多少車的高麗菜、番茄與西洋芹，或者能額外讓幾百萬人口吃得飽又穿得暖？我們也許能禁止出口磷、研磨石灰用來為農田施肥，但這終究並非長久之計。

我們生產得愈多、人口數量愈高，將廢棄物排入海中的速度也愈快，無論花多少錢、多麼用力禱告也無法挽回。

永續農業的借鏡與學習

倘若美國想要生生不息、想跟東亞民族一樣，讓自身的歷史繼續推展四千年、五千年，要以長久和平的筆觸寫下這頁歷史，再也不受廣泛的飢荒或瘟疫所苦，就必須重新導正自身的走向，朝保留資源的方向前進才可能永續發展。**強化農耕方法，只會加速消化、吸收與耗盡孕育生命所需要的表土。**複種栽培、地表作物的密集種植以及強化成長力，都意味著每英畝的作物會使土地水分更大量蒸散，但這一切的前提是必須將水源逕流重新分配，並且在水分豐富的潮濕氣候帶採行灌溉措施。我們遲早必須採取更能保護水資源的全國性政策，不僅是將水用於發電與運輸，更要把透過補充灌溉維護土壤肥沃並提升作物產量視為主要目標，而對於如此重大的國家利益，也應該抱持徹底重新協調的觀點，從群體層面進行廣泛考量。中國、韓國與日本在許久以前便訂定了永續農業的基調，如今也到了有能力又即將更上層樓的時刻，讓美國與其他民族都能借鏡於他們的經驗、學習並適應他們的長處，更將經過改良的嶄新農法推廣至全世界。

選擇稻米當作主食作物、在夏季降雨量充沛的前提下，開發與維護灌排合一的系統、實施複種農法、持續廣植豆類作物、將綠肥加入輪作以維持土壤中的腐質土並用於製作堆肥，以及近乎虔誠地將各種廢棄物回歸農田，以補充農作物所消耗的養分，這些國家表現出對於農業本質與基本法則的理解，西方國家著實應該為此佇足與反思。

雖然美國不需要也尚且無法採行他們勞力吃重的水稻種植方法，我們也期望後人不需要被迫走上這一步，但其中所牽涉的原理何在，仍然值得研究。

這些國家的稻米種植面積都很大，但旱田面積相對稀少，而且大部分的稻田都經過整平以貼近水平面，周圍環繞著低矮、狹窄的隆起田埂，如圖 132 及圖 133 所示。假如地勢不平，農民便會根據各劃分區塊的陡峭程度，將斜坡分階成大小不一的水平梯田。我們看見的梯田面積通常不會超過一個小房間的地板，而羅斯教授告訴我，他曾在中國內陸見過只有餐桌大小的稻田，其中一塊田甚至只有餐巾那麼大，周圍同樣靠田埂來留住水分，卻依然種得活水稻。

日本稻田平均面積據官方資料記載為一點一四畝[3]，約等於十二公尺長、九點三公尺寬。除了北海道、台灣與庫頁島之外，日本有百分之五十三的灌溉稻田面積不足八分之一英畝，百分之七十四的其他可耕地面積小於四分之一英畝，而這些耕地還可以進一步劃分。圖

圖 132：剛剛插秧完成的日本稻田。

3　畝（se），日本面積單位。

圖 133：長江平原上的稻田，已經灌好水，準備插秧。

134 及圖 135 便是兩塊小面積的稻田，為了建成水平畦田而規劃成梯田型態。靠近圖 134 中央的房舍，正好能用來比對田地的大小與河川流域的坡度。一排排稻米的間距不足三十公分，只要算算前面的水稻有幾排，同樣也能概算出田地面積。可以看見房舍前方有超過二十塊小稻田，但這僅僅是總數的一半左右，而且房舍距離鏡頭還不到一百五十公尺。

日本三大主島有超過二萬八千四百九十平方公里的田地經過整平、受田埂圍繞、具有供水與排水渠道，並嚴謹地保持在最佳的養護狀態。中、日、韓三國地勢較平坦的區域，也會以類似方式整建為水

圖 134：日本面積零散的谷地梯田，已經灌滿水並插秧完成。

圖 135：俯瞰日本陡峭谷地下方經過灌溉與插秧的小塊梯田。

平畦田，但涵蓋範圍相對較小，因為這類所有地的面積幾乎都不大。從運河與排水道所挖出的泥土可用於將田地鋪平，或是提供堤壩建築所需，也因此，建設與養護工程所需要的勞力遠超乎我們的想像，幾乎所有建築物都是人類勞動之下的產物。

將許多田地規劃並整建成水平畦田，每年為這三個國家帶來可觀的資產收益，而西方國家還未能善用其中大部分的資源。最大的收益源自於提供豐沛水量所穩定帶來的高產量，因為作物能透過水分吸收更多養分，進而使平均產量提高。作物所使用的水源大多來自未經耕種的丘陵與山地，其中挾帶著溶於水中或懸浮的物質，等於全年都為農田提供水溶石灰質與養分，在經過數百年持續的反覆作用下，總量極為龐大。假如這些水每年在稻田裡的灌流量為四十點六公分，而且成分普遍如梅瑞爾（Merrill）在探討北美洲河川時所提及的相同，不考慮懸浮物質或水中所吸收的鉀與磷在內，那麼每一萬平方英里農地所接收的水溶物質就包含一千四百二十八公噸的磷、二萬三千四百六十公噸的鉀、二萬七千五百四十公噸的氮以及四萬八千九百六十公噸的硫。除此之外，這些水也為田地帶來二十二萬零三百二十公噸的水溶有機物質，以及將近一百二十四萬五千四百二十公噸對中和土壤酸性至關重要的水溶石灰質。光是二萬五千九百平方公里就有如此龐大的節省量，在中、日、韓三國土地的累積量更是超過五倍、甚至九倍之多，而且維持了數百年。因此若以一千年計算，在二十三萬三千一百平方公里土地上所轉化的磷總量接近一千三百二十六萬公噸，遠超過美國至今為止所開挖、純度為百分之七十五的磷酸鹽岩總量，況且這種灌溉方法早已維持不只千年。

將美國多達十二萬九千五百平方公里的墨西哥灣區與大西洋海岸

平原進行渠化，再將淤泥及有機物質與水一同施用在田裡，便能獲得如今因為排入海中而浪費掉的巨量養分，並大幅提升作物收成。有朝一日，我們應該、也必定能找到方法，將取自眾多河川的肥沃淤泥與有機物質，運到佛羅里達的砂質平原、位於佛羅里達與密西西比之間的沙地，以及三角洲的沖積平原上，這些地區若不是太容易氾濫，就是地勢太低以至於排水不良。

穿透滲入的灌溉方式

有些人或許認為以如此大量的水灌溉農田，特別是在降雨量極大的國家，必然會因為溶濾作用與地表排水導致土壤養分嚴重流失。但就這三個國家的卓越農法看來似乎並非如此，而且很重要的是，對於他們在水稻灌溉上近乎一致的作法，我們應該加以了解並讚賞其背後的原理所在。

首先，他們的水田挖有暗渠，所以大部分的水若不是聽由植物的表面蒸散作用離開土壤，就是穿透底土滲入淺層排水道中。農民通常會在施肥一段時間後，將水分直接流入另一塊稻田，使土壤與作物有時間充分吸收或固定水溶性養分物質。此外，農民只有在移植秧苗時才會將水灌進田裡，此時秧苗已經發展出強壯的根系，能夠立刻吸收根部周圍或向下滲流的水溶性養分。

雖然排水道是地表明渠，深度僅有四十五點七公分至九十公分，但數量很多又靠得很近，即便土壤幾乎吸飽水分，還是能有新鮮、與空氣充分混合的水分將大量氧氣帶進土壤中，滿足植物根部的需求。

藉此便能以圖中所示的方式，在占地面積小的灌溉稻田中輪作西瓜、茄子、香瓜與芋頭。在圖 136 中，兩兩成排的茄子中間以狹窄的淺溝分隔，淺溝並連接到主排水道，溝裡的水深達三十五點六公分。在圖 137 的西瓜田裡也是如此，瓜藤下方鋪著厚厚的稻草護根層，將瓜藤與潮濕的土壤隔開，藉由減少蒸散來保留水分，並且透過夏季的降雨使稻草腐爛，再配合溶濾作用成為作物的肥料。

圖 138 是沿著一條小徑所拍攝，兩旁分別是西瓜田與芋頭田的主排水道，將來自數條溝槽的排水匯集到主渠道中。雖然土壤看起來相當潮濕，但作物既茂盛又健康，似乎並未受到排水不良所影響。

由此可見，這些農民對於排水的重視不亞於灌溉，而且會留意養分流失的可能性並設法加以補足。他們不僅透過這種栽培方法保留

圖 136：日本農民將茄子種植在稻田裡，土壤隨時保持濕潤，明渠中的水約有三十五公分深。

圖 137：種植西瓜的地面鋪滿大量稻草護根層，苗床地勢低矮，環境與圖 136 的稻田相似。

圖 138：日本，兩條主渠之間以小徑分隔，兩旁分別是西瓜田與芋頭田。

稻田裡的可溶性植物養分、預防流失，也經常將地勢平坦、不實行放水灌溉的小塊農田與苗床包圍在隆起的矮堤中，除了能在需要時完整留存田裡的雨水，還能使水分均勻分布，讓整體土壤的含水量一致，同時防止土壤被沖刷到田裡的特定區塊。圖 116（P.216）與圖 121（P.227）中的田地就是這種型態。

順天應人的農作方式

中國、韓國與日本的種稻面積如此廣闊，但幾乎每株秧苗都經過移植；要使用何種農耕方法與技術，並非以輕鬆、省事為目標，而是取決於如何種出最豐盛、最上等的作物。我們初次看見農民為水稻苗床整地的地點是在廣州，接著是在浙江省嘉興地區，吳夫人府上的田地，如圖 139 所示。在太平天國之亂使兩省地區的二千萬人飽受磨難後，她與丈夫從寧波移居來此，定居在當時的一小片空地上。直到家境逐漸繁盛，他們便購置了二十五英畝的地，足足是中國尋常富有人家所擁有土地的十倍之大。

吳夫人守寡後持續掌管著地產，其中一位兒子雖然已經結婚，但仍然在求學階段，媳婦則與這位婆婆同住，協助打理家務。她在夏季會雇用七名工人幫忙務農，另外也養了四頭牛來幫忙犁地與汲水灌溉。農工在五個夏季月份內的薪酬為二十四鷹洋，另外每天還提供四餐。這七名農工的現金支出等同於每個月十四點四五美元。在十年前，這等勞力活兒的薪酬為每年三十元，而在我們造訪的此刻已經漲到五十元，換算成美金分別為十二點九美元與二十一點五美元。

圖 139：中國嘉興地區，吳夫人府上的住家與農舍。

吳夫人的稻米收成為每畝地兩擔，等於每英畝二十六又三分之二蒲式耳，小麥收成則只有稻米的一半，或者也會在同一季在田裡其他地方種植同作物，每兩期作物施肥一次。她說每年購買肥料的花費約為六十元，等於二十五點八美元。在圖 139 中，吳夫人的田地包括一座大型四合院，南面有一堵二百四十公分高的牆。建築物是以土磚所砌成，上頭則是稻草屋頂。

我們在四月十九日初次來訪，水稻的苗床已經播種四天，播種量為每英畝二十蒲式耳。土壤先前經過仔細耕作並施用大量肥料，播種前最後一步是撒上燃燒不完全的植物灰燼，所以土面是一片炭黑色。種子直接撒在土面上，幾乎完全蓋滿表面，再用平底的竹簍輕輕壓入灰燼中。每到傍晚，假如夜晚溫度可能降低，就會汲水淹滿苗床，假如隔天暖活又晴朗再把水排掉，黑色的土面便會因此吸收一些熱量，也會有新鮮空氣滲入土壤中。

將近一個月後的五月十四日，我們再次到田裡造訪，如圖 142 所示，苗床上的秧苗已經長到二十點三公分高，快要可以移植了。苗床後方的田地有一部分已經灌溉好，並且將「中國苜蓿」翻耕到土裡

圖 140：吳夫人府上田裡的汲水站，上頭搭著水泵遮棚，兩座動力轉輪連接在運河水道末端的水泵上。

頭發酵以作為綠肥，準備移植秧苗。苗床另一邊、房舍前方的田地先前才剛收成稻米，現在種著要當作綠肥的苜蓿，田埂間的犁溝還在放水灌溉。在兩塊相連苗床的一端，就是在圖 140 中搭著茅草的水泵遮棚，兩具水泵設置在從運河分支出來的水道終點。其中一具水泵的木製動力輪上拴著一頭遮住雙眼的牛，如圖 141 所示。

藉由苗床育苗的農法，可以讓冬季與早春作物的成熟、收成，以及為稻田整地的時間省下超過一個月。大部分土地的灌溉期相應地縮短，不僅省水又省時。與直接在田裡播種的作法相比，為小面積的苗床施肥與整地相對廉價，也比較容易，同時能使作物長得更強壯又均勻，在苗床上除草與照顧作物也遠比在田裡省事多了。在農耕季初期將苗床耕作完成的時間內，是不可能將整片稻田都耕作完畢的，因

圖 141：近距離觀察圖 140 中其中一具水泵的動力輪，上面拴著一頭牛，用來驅動灌溉水泵。

圖 142：苗床上種植第二十九天的秧苗，可以看見灌溉用的犁溝；後方田地已經灌溉並耕作完成，秧苗也即將移植。

為綠肥還沒長好，而且若要直接將肥料翻耕到土裡，肥料的施用與腐化也都需要時間。苗床中的秧苗成長到一定程度，會開始大量吸收養分，此時移植到田裡經過耕作與施肥的新鮮土壤中，就能在最有利的環境下立刻獲得養分。因此，作物有充分的時間成長茁壯，農民也就依循著這種能在土地有限、人口稠密條件中帶來最佳收穫的農法。

美國的田地寬廣、農具多元，人口也相對稀少，這種農耕系統對於我們顯得粗陋又不可行，但也不可能將我國土地切割成與他們相同大小，或是簡化我們的器械甚至是犁具。所以愈是研究這些民族的環境、人口數以及從古至今的農法，再比對他們的農業成就，就愈找不到比他們更好的方法。

稍早已經描述過移植秧苗前需要多麼繁忙的工作，包括製作堆肥、收成小麥、油菜與豆類，以及在田裡施肥、放水與耕地。如圖 143 所示，田地已經耕好並且整平，準備插秧。在另一片比較大的田裡，翻耕後的土壤經過圖 143 與圖 144 中的另一種耙子徹底搗碎並且耙平，質地跟灰漿差不多。讓土壤徹底變得泥濘，有利於插秧工作更快速進行，也確保土壤與秧苗根部能立刻結合。

田地就緒後，婦女帶著四腳矮竹凳來到苗床旁拔取秧苗。將根部的土壤沖洗乾淨，再把秧苗綁成一束束方便移植的大小，就能分插到田裡了。

移植秧苗的工作可以由一夥人共同完成，如圖 146 所示，圖中是在相同地點每隔十五分鐘拍攝一次的四張照片。田裡每間隔一點八公尺拉起一條長繩，由七位男性分別種下六排間隔三十公分的秧苗，每叢秧苗約有六到八株，兩叢之間相隔二十至二十三公分。農民以一隻手拿起一束秧苗，再用另一隻手熟練地從根部分出適當數量的秧苗，

圖 143：浙江省已經犁好準備插秧的田地，以及用來整地與碎土的耙子。

圖 144：稻田放水灌溉後，在準備移植秧苗前用來整平田地的旋轉式木耙。

圖 145：一群中國婦女正從苗床上拔取秧苗，並綁成一束束準備移植。

一口氣插進土中。秧苗根部沒有泥土包覆，每次插下一叢秧苗，快速地連續插好一排六叢秧苗，再移往下一排。男人們在田裡一步步後退，在插完其中一區後，便把剩下的秧苗拋進尚未插秧的區域，接著再次拉線為下個區域插秧。

農民告訴我們，在整好田地並準備好秧苗的情況下，每位男性一天通常能插完兩畝的田地，大約三分之一英畝。因此，這群共七位男性每天能插好二點五英畝的田地，以吳夫人所雇用的價格來算，每英畝地的插秧工資約為二十一美分，比美國用最先進的機械種植高麗菜與菸草還便宜得多。而在日本，婦女參與插秧的比例較中國來得高。

與美國的小麥作物不同，水稻插秧後不能放著不管，必須鋤草、施肥與灌溉。為了方便灌溉，稻田都須整平，並且挖有渠道、溝槽與排水道，另外也為了方便施肥與鋤草，每叢秧苗彼此都整齊成排。

圖 146：中國插秧一景。每隔十五分鐘在同一地點所拍攝的四張照片，可以看出四十五分鐘內的工作進展。

就我們在日本所見，稻田在秧苗移植後的第一項工作，是要以四齒草耙從秧叢之間鏟耘，不僅是為了去除雜草，更是為了鬆土並促進空氣流通。在鏟耘過後，農民便會如圖 149 所示，以雙手再次將田裡翻起的土壤鋪平，仔細地將每棵雜草拔起埋進泥土底下，再將所經過每叢秧苗的土丘加以包實。農民有時會在手指套上竹製爪套以方便除草。日本農民現在會使用手扶旋耕機來除草，圖 12（P.38）中的兩位男性便是如此。旋耕機的轉軸上裝著齒部，只要沿著作物方向推動旋耕機，齒部就會轉動。

最令人關注的還是水稻的施肥作業，主要目標還是維持土壤中的有機物質含量。在秋季收成稻米過後，便會在田裡大量播種先前提過的粉紅苜蓿（圖 84 及圖 85〔P.159〕），等到下次犁田時，苜蓿正好開花，可以採收後用於製作堆肥或是直接翻耕到土中。每英畝地約可產出十八至二十公噸的苜蓿，足夠用來為三英畝的土地施肥，收割後

圖 147：一群日本婦女穿著蓑衣在福岡實驗站插秧。

圖 148：日本年輕女性戴著斗笠插秧。

圖 149：日本農民在稻田插秧後的第一項工作，鋪平土壤並拔除雜草。

的殘株與殘根則留在原本種苜蓿的田裡。因此，每英畝田地所施用的綠肥約有六至七公噸，提供了至少十六點七公斤的鉀、二點三公斤的磷與二十六公斤的氮。

有些農家人口眾多但土地較少，無法騰出空地來種植綠肥作物，所以會收割山上、丘陵地或運河裡的雜草當作綠肥。我們在五月最後一天從蘇州搭船西行，途中經過的許多船上載著幾噸有如綠色緞帶一般的青草，都是從運河底部收割而來。為了採收這些草，男性在水逼近腋窩高度的河裡利用長刀砍草，新月型的刀刃就像船錨一樣固定在長四點八公尺的竹竿尾端，只要將長刀沿著河底往前推再往後拉，青草就會被切斷並且浮上河面，接著便將草拖上船。

水稻與其他穀類的草桿、任何不適合當作燃料的植物殘莖，以及常會在秧苗移植後撒在水面上的粗糠（圖 151），最後都會混進稻田的泥土之中。

圖 150：江蘇農民船上載著從河底收割的青草，準備當作綠肥或用於製作堆肥。

圖 151：將粗糠撒在稻田裡當作肥料。

稍早已經提過這些國家利用各種廢棄物維持地力的作法，但為了有利於西方國家了解這種節儉經濟的必要性，值得我們再更詳盡地描述日本在這方面如何實踐。

日本國家農業暨商業部的川口博士，根據自己以往的紀錄告訴我，日本於一九〇八年在農地裡共施用了二千四百三十二萬七千三百零一公噸的人糞，以及二千三百二十六萬九千零四十三公噸的堆肥，並且進口了七十六萬八千一百三十五公噸的商業肥料，其中有七千一百四十公噸是各種型態的磷酸鹽。除此之外，還施用了至少一百四十三萬二千零八十公噸的燃料灰燼與一千零三十八萬九千二百一十公噸的綠肥，都是從山坡地與荒地所採集而來，全都用於面積不到一千四百萬英畝的可耕地上。

在此必須強調，這些是因為在日本並沒有其他更好的方法能維持地力與供養數量龐大的人口。

除了為秧苗施肥、移植與除草以外，在稻米成熟之前必須頻繁地灌溉。大部分的灌溉用水是借助畜力抽取，也有許多是靠人力打水。如圖 23（P.50）與圖 107（P.199）所示的攜帶式捲線絞盤，先前已經描述過了，而在直隸地區則是廣泛使用圖 152 所示的四角錐形水桶與桔槔，圖中男性每天可以從二點四公尺深的井裡打上足以灌溉半英畝田地的水量。

圖 153 是中國最常見的水泵與動力踏板，圖 133（P.247）中就有三名男性正在操作類似的水泵，圖 36（P.70）是近距離拍攝三名男性

圖 152：直隸地區用於灌溉的桔槔與四角錐形水桶。

圖 153：中國的三人式腳踏木製鏈泵，廣泛用於中國各地的灌溉作業。

圖 154：剛以中式腳踏鏈泵放水灌溉完成的田地，準備耕地插秧。

以腳踩踏水泵的情形，圖 154 的大片水田旁也有一具水泵。有位老農民在拍攝地點告訴我們，兩名男性以這種水泵在兩小時內所抽取的水量，足以灌溉兩畝大的土地達七點六公分高，等於每位男性能在十小時內抽取二點五英畝英寸的水，而酬勞約為十二至十五美分，以每季需要灌溉十六英畝 - 英寸的水量計算，雇用苦力並且包含伙食在內的費用只要七十七至九十六美分。以美國貨幣的標準衡量，中式水泵所花費的勞力性價比極高。

這種水泵就是個開放的箱槽，其中透過木鏈的運轉帶動許多活動式的板片，藉此從運河中打水上來灌進田裡。槽體跟桶子的尺寸可以根據所提供的動力與打水量來調整。看起來雖然簡陋，但若在相同的製作、維修成本考量下，再考慮到中國的條件，西方國家可沒有任何工具能夠相提並論，也沒什麼比如此高效蓄的簡易裝置更能彰顯中國人的個性了，也就是在建設與成本的每個層面都極盡節儉之能事。透過最簡單的手段完成最偉大的成就。

假使要在運河上築橋，但是河面太寬，以至於單拱橋體的跨度不足時，中國工程師就會在方便的位置建起橋體，並且在完工時將運河水引導至橋下。我們在松江附近新建的鐵路橋就看見這種結構。河水在橋體完工後被引流到橋下，迫使河流自行開鑿出河道，不僅省下大量花費，也不會阻礙河上的交通。

日本的腳踏式動力輪沒有任何齒輪，而是由男性直接用腳踩踏板驅動，如圖 155 所示。有些輪體直徑寬達三公尺，而直徑的大小是由打水的高度所決定。

這三個國家也普遍會以畜力協助灌溉，大部分使用如圖 141（P.256）所示的動力輪。圖 156 是在浙江與江蘇省最常見、為數甚

圖 155：日本的腳踏式灌溉水車。

圖 156：江蘇省運河邊的動力水車遮棚。

多的水車遮棚，在方圓一點六公里的範圍內就多達四十座。遮棚是用來為動物遮陽擋雨，因為稻田禁不起缺水，而且各地農民也都會善待動物。

在地勢較為起伏的地區，河川的高低落差較大，所以常會使用掛桶水車，水車的輪緣掛著桶子，便可於轉入水面時將水撈起，並且在越過最高點後將水倒入儲水槽中，再經過相連的引水道使水流入田裡。在四川省，有些掛桶水車的結構既巨大又漂亮，讓人忍不住想到摩天輪。

當收成時節來臨，儘管稻田的面積廣大，收成量更高達上億蒲式耳，但由於土地四散零落，沒辦法使用美國的收成方法，甚至連先進

圖 157：日本農民以傳統鐮刀收割稻米。

圖 158：將一束束稻米掛在日本稻田裡所搭的竹架上，以曝曬穀粒、準備打穀。

的搖擺式收割機都派不上用場，如此繁重的工作仍只能靠傳統的鐮刀來進行，如圖 158 所示，隨著插秧時的脈絡一叢一叢地收割稻米。

種子完全成熟後，要在收割之前將水抽乾，讓土地乾燥、硬化。此時雨季尚未結束，必須格外細心地照顧作物。將稻束捆起並沿著稻田邊緣一排排地豎立，如圖 157 所示，或是將稻穗朝下掛在竹架子上，如圖 158 所示。在圖 159 右側，接近下方角落處的竹簍後方擺著一具金屬梳齒，將稻穗穿過梳齒便可完成打穀；一男一女正在此忙著簸穀，利用一把雙層大扇揚去灰塵與粗糠。

風選機正是根據美國農民的作業原理所打造，具有類似的簸穀效果，也廣泛使用於中國與日本。在稻米經過打穀後，穀粒還要先脫殼

圖 159：日本農民利用一對竹竿揮動雙層大扇，進行簸穀作業。右方擺著用來將穀粒自稻草取下的金屬梳齒。

才能食用，而圖 160 便是日本人所使用最古老、最簡單的拋光方法，靠著穀粒的摩擦達到脫殼效果。將大量稻穀倒入米桶，再以長頭木杵用力敲打穀粒，使米粒在滑動時相互摩擦，便可將外殼脫去。還可以將這種方法的規模提升，利用體重來操作木杵，也就是由一群男性站上加重木杵的槓桿臂上，將木杵高高舉起，再透過木杵的重力使其落下。然而，日本磨坊近來已經開始用汽油引擎進行脫殼與拋光加工。

圖 160：在日本用於拋光稻米的大木缽。

稻草在經濟活動中的諸多用途，使其對農民的重要性不亞於稻米本身。稻草可以作為馬牛的食物與臥床、住家與其他遮蔽物的屋頂素材、土壤中的有機物質來源以及肥料，背後蘊藏極大的金錢價值。除了這些最終用途外，稻草也廣泛用於製作大量用品。據估計，如圖 161 及圖 162 所示，日本每年至少以稻草編成一億八千八百七十萬個稻草袋，價值約為三百一十一萬美元，用來盛裝三億四千六百一十五萬蒲式耳的穀類與二千八百一十九萬蒲式耳的豆子，此外也使用大量稻草袋運送魚類與其他調配好的肥料。

兵庫縣具有一千五敗四十三點六平方公里的農地，與羅德島的一千八百四十四平方公里相比，一九〇六年，兵庫農民在二十六萬五千

圖 161：日本農民將稻米裝進稻草編成的袋子。

零四十英畝的土地上收成了一千零五十八萬四千蒲式耳的稻米，價值一千六百一十九萬一千四百美元，每英畝土地平均收成量約為四十蒲式耳，單靠穀粒便可帶來六十一美元的毛利。另外，農民還會在同一座島上的同一個產季裡種植至少一種其他作物。以大麥來算，每英畝平均產量超過二十六蒲式耳，價值十七美元。

除了在農田裡忙活以外，日本農家在冬季夜晚的閒暇時刻也用一部分稻草編織用品，包括八百九十八萬張各式草蓆與草網，價值十五萬五千美元；八百七十四萬二千雙拖鞋，價值三萬四千美元；六百二十五萬四千雙涼鞋，價值三萬美元；以及價值六萬四千美元的其他雜物。將近十一點五個鄉鎮的農地與農家勞動力，帶來了超過二千一

圖 162：稻米打包好後裝進船中，準備運往別處。

百萬美元的淨收入，亦即在兵庫縣四分之三的農地上，每英畝平均收益為八十美元。

用同等比例換算，在美國至少一百六十英畝大的農場上，靠著四分之三比例的面積、共一百二十英畝的農地，每年就能帶來九千六百美元的收入，而剩下的四十英畝、約占四分之一的農地收入則正好能付清所有花費。

在奈良實驗站，我們得知奈良縣每英畝的稻穀收成價格為九十美元，未加工的稻草為八美元，而每英畝的大麥粒為三十六美元，麥桿則為兩美元。此地農民會在四到五年內維持稻米與大麥的輪作，接著在夏季種植每英畝收成價格為三百二十美元的甜瓜，之後的第五或第六年不種稻米，改種其他蔬菜，每反（tan，日本面積單位）的蔬菜收成價格為八十日圓，等於每英畝一百六十美元。

為了取得用於施肥的綠肥，農民每年都會在一排排大麥間的空隙種植大豆，大麥的栽種時間是在十一月。等到大麥收成的一星期後，就將大豆翻耕到準備種植稻米的土面下，每反土地可產出一百六十貫（kan，日本重量單位）的大豆，等於每英畝產出量為二千三百八十一公斤。

以同等比例換算，奈良農民每年在五分之四到六分之五的稻田上可獲得每英畝一三十六美元的毛利，剩下五分之一到六分之一的稻田則可賺得每英畝四百八十美元的收益，其中還不包括每年用來維持土壤氮質與有機物質含量的大豆作物，也不包括其他農家製品的收入。

在美國與奈良相同緯度的南大西洋與墨西哥灣沿岸各州，農民是否能達到相同水平？只要能夠採行最佳的灌溉與施肥方針，並且搭配適當的輪作與複種農法，我們相信沒理由辦不到。

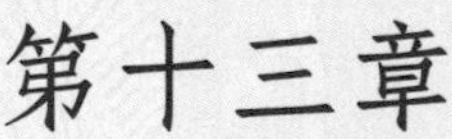
第十三章

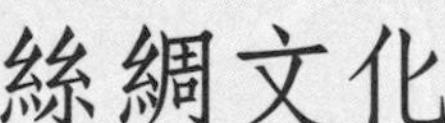
絲綢文化

在某種程度上，東方世界最卓越的產業就是絲綢業，其中包括了世界上最精緻、華美的絲綢織物。絲綢業卓越之處在於產量巨大，其發源地無疑是在最古老的中國，至少早於西元前二六〇〇年，是由經過馴養的野生昆蟲所生產，而且絲綢業已經存在超過四千年，規模至今不斷擴大，以至於每到聖誕節的買賣旺季，從美國西岸透過特殊快遞運至紐約的絲綢商品，每貨櫃價值往往高達一百萬美元。

一九〇七年，日本種植蠶桑的土地面積高達九十五萬七千五百六十英畝，並且利用一千七百一十五萬四千零七十蒲式耳的蠶繭產出一千一百七十三萬二千四百公斤的生絲。如此大量的蠶絲，可以為日

圖 163：日本婦女正將產在一張張紙上的蠶卵取下，準備孵化。

本帶來一億二千四百萬美元的出口額，等於全國每人平均可分到二美元；此外，一九〇六年從事養蠶業的家庭多達一百四十萬七千七百六十六戶，有將近七百萬人投入桑蠶養殖，如圖 163、圖 164、圖 165 及圖 166 所示。

理察（Richard）在《中華帝國地理》中提到，中國於一九〇五年出口到其他國家的蠶絲總量為一千三百六十八萬五千九百四十公斤，若以等同日本的出口價格計算，價值高達一億四千五百萬美元。理察也表示，中國每年出口至法國的蠶絲總價高達一千萬英鎊，而這不過占了中國蠶絲將近四億美元出口總額的百分之十二。

圖 164：桑蠶飼養。每十六個竹盤架成一疊，其中之一已經從架上取出，日本女孩正為其鋪上新鮮桑葉。

圖 165：為桑蠶騰出結繭空間。

圖 166：透過繭的形狀與大小挑選最佳的雄蠶與雌蠶繭，準備用於繁殖。

蠶寶寶的驚人產值

利用絲綢生產衣物的作法在中國比日本更加普遍，而中國人口數是日本的八倍之多，因此家庭的絲綢用量與年產量都遠超過日本。霍西指出四川的生絲輸出量為二百四十四萬七千七百七十五公斤，幾乎等於日本總輸出量的四分之一，而中國還有其他八個大量生產蠶絲的省分，產地總面積將近是日本的五倍。因此，中國每年的生絲產量約為五千四百萬公斤，這還只是保守估計，再加上日本與韓國的生絲，這三國每年就生產超過六千七百五十萬公斤的生絲，總值約高達七億美元，幾乎等於美國的小麥作物產值，然而所占土地還不到美國小麥的八分之一。

根據丹多洛伯爵（Count Dandola）的觀察，貢獻如此巨大產值的桑蠶其實很小隻，大約七十萬隻孵化桑蠶才只有零點五公斤重，但桑蠶生長速度極快，總共會經過四次蛻皮，相同數量的蠶在第一次蛻皮後，總重量就會增加到六點八公斤，第二次蛻皮後達到四十二點三公斤，第三次蛻皮後達到一百八十公斤，第四次蛻皮後就有七百三十二點六公斤，成熟之後更達到四千二百七十五公斤，將近五公噸重。根據裴頓（Paton）表示，要讓桑蠶在大約三十六日內如此快速成長，七十萬隻桑蠶在第一次脫皮時就需要吃掉四十七點三公斤的桑葉，第二次蛻皮時要吃掉一百四十一點八公斤，第三次蛻皮時要吃掉四百七十二點五公斤，第四次蛻皮時要吃掉一千四百一十七點五公斤，而到了結繭前的最終階段，更要吃掉八千六百四十六點八公斤的桑葉，亦即五公噸重的桑蠶共消耗將近十二公噸的桑葉，等於每一公斤的桑葉能使桑蠶成長零點五公斤。

裴頓表示七十萬隻桑蠶可以結出六百三十公斤到九百四十五公斤的繭，並根據霍西在四川的研究指出，從繭中取得的生絲大約占其重量的十二分之一。以此為基礎，從蠶卵所孵化出零點五公斤的蠶能夠產出約五十二點二至七十八點八公斤的生絲，以日本於一九〇七年的出口價格計算，產值介於五百五十至八百三十二美元之間，而每生產零點四五公斤蠶絲需要消耗七十三點八公斤的桑葉。

我們在中國浙江曾與一位銀行業者交談，他表示蠶卵會產在一張長四十五點七公分、寬三十點五公分的紙上，而幼蠶從孵化到成熟為止需要消耗一千一百九十七公斤的桑葉，最後結繭產出九點七二公斤的蠶絲。換算下來，每五十五公斤的桑葉可換得零點四五公斤的蠶絲。一九〇七年，日本透過九十五萬七千五百六十英畝的土地，共產出一千一百七十三萬二千四百公斤的生絲，平均每英畝桑葉可以換得十二點二五公斤的生絲，即每英畝土地可收成二千零九點二公斤的桑葉，平均每七十四公斤桑葉換得零點五公斤的生絲。

這三個國家所產的蠶絲主要來自三種桑樹，分別可以在春季、夏季與秋季採收桑葉。我們從日本的名古屋實驗站得知，在產量佳的春季，每反土地可以收成四百貫的桑葉，夏季與秋季則分別是每反土地一百五十貫與二百五十貫，總計每英畝地的桑葉產量超過十三點二公噸。然而，這已經高於全國的平均產量。

圖 167 為近距離拍攝浙江省的桑樹園，農民曾以河泥在此大量施肥，目前正在採收春季的桑葉來餵蠶。圖片前方的枝椏中有一束砍下的樹枝。種植桑樹的農民通常不會自己養蠶，而這座桑樹園中的桑葉售價為每擔一鷹洋，等於每公斤零點七分。一週後，在江蘇省南京近郊所問到的桑葉售價也是如此。

圖 167：浙江省桑樹園的近距離一景。

圖 168：近距離拍攝多年的老桑樹，去年長出的嫩枝長滿桑葉後，就會從老樹枝末端將嫩枝砍下。

圖 168 中可以看見早春時尚未發出完整桑葉的桑樹，細長的樹枝是去年所長出的新芽，至少已經採收過一批桑葉，在樹況良好的桑樹園中，樹枝長度可達六十至九十公分。圖 169 中是桑樹園中一些被砍去樹枝的桑樹，樹齡約有十二至十五年，由於每年都在相同部位頻繁修剪，所以樹枝末端形成膨大的樹瘤。樹下地面長著一層厚厚的粉紅苜蓿，正好在開花，之後就會被鏟進土中

圖 169：因為採收第一批桑葉而修剪後的桑樹園，右側是尚未修剪的桑樹。

提供氮質與有機物質，而苜蓿腐爛後也能為作物提供碳酸鉀、磷與其他礦物質養分。

圖 170 中有三排相隔約一公尺的桑樹，樹立在約一公尺高的狹窄土堤上，土堤的成因一部分是由於稻田整地，一部分則是因為以河泥當作肥料所堆積而成。桑樹的兩側種著蠶豆，左側還種了油菜，這兩種作物都是在六月初收成，接著便會將這塊地灌溉與犁耕，準備移植水稻。這幾張桑樹照片的拍攝地點，都是在如圖 45（P.89）所示、經過廣泛渠化的中國地區。擁有這片桑樹園的農民剛剛砍下兩大把的桑樹枝，要運回村裡販賣桑葉。他表示第一批桑葉收成量大約介於每畝地三到二十擔左右，而第二批桑葉收成很少超過兩到三擔，約等於每英畝收成九點七公噸，可賣到五十九點三四美元。桑葉必須趁著新鮮儘快收集起來，並且在當天就用來養蠶；採下樹葉後的樹枝，會就地捆成束並留作燃料使用。

圖 170：種植在狹長土堤上的三排桑樹，周圍即將放水灌溉成為稻田。

在中國南部地區，桑樹是透過壓條發根的矮切株所種植。先前曾提過，我們搭乘南寧號輪船在廣州三角洲地區航行五個小時，當時便曾看見桑葉茂盛的矮桑樹田，我們起初還誤認為即將開花的棉花。這種型態的桑樹如圖 37（P.76）所示，而日本南部地區也採用相同的修剪方法。日本中部、中國浙江省與江蘇省都是採用高修剪的作法，而日本北部地區則是直接採下桑葉，就跟其他地區採收有葉作物的方法一樣。更高緯度的地區則完全不修剪樹枝。

中、日、韓這三個國家的蠶絲並非全部產自馴養的家蠶（Bombyx mori），有一大部分的蠶絲是取自於野蠶的蠶繭，牠們以生長在山地與丘陵地區的橡樹葉為食。占中國最大量的蠶絲是取自柞蠶（Aniliercea pernyi）的蠶繭，產地分別在山東、河南、貴州與四川等地，在東北的許多丘陵地也盛行產絲業，蠶繭會運到山東省的烟台織成柞絲。

根據朗道特（M. Randot）估計，四川省每年的野生蠶繭產量為四百五十八公斤，而亞歷山大．霍西認為其中有許多其實是來自貴州。理察表示，全中國在一九〇四年的野生蠶絲出口量為一百九十八公斤，意即野生蠶繭的總重量至少達三千三百八十八萬五千公斤，但這可能還不到國內居家蠶絲消耗量的一半。

由亞歷山大・霍西所收集的資料顯示，在一八九九年，東北地區僅僅在牛莊港口的柞蠶絲船運出口量高達八十三萬八千一百零一公斤，價值一百七十二萬一千二百美元，而且產量快速增加。相同港口在前一年的柞蠶絲船運出口量只有四十七萬一千零一十六公斤。這些蠶絲全都來自奉天地區的南部丘陵與山地，西臨遼河平原、東至鴨綠江，涵蓋面積達一萬二千九百五十平方公里，我們搭乘安東往奉天的火車時正好穿越此地。

從五月初到十月初，每季會孵化兩窩的野蠶。秋蠶會在過冬後破繭成蛾，接著便讓蛾在一塊布上產卵，等到蠶卵孵化後就持續餵食從山地橡樹所採收的多汁嫩葉，直到幼蠶第一次蛻皮，再將幼蠶移到山地的矮橡樹上，讓幼蠶直接在樹上生活，最後在樹葉的遮蔽下結繭。

第一窩孵化的蛾在受精之後，會以蠶絲將自己綁在橡樹枝上，接著在樹上產卵，產出第二批柞蠶絲。為了維持多汁嫩葉的產量，橡樹會定期修剪。

因此，這三個古老國家的平凡百姓充滿耐心、極盡簡樸，不畏辛勤地耕作，並且前往不適合農耕的山地，利用野生橡樹以及以橡樹為食的數百萬昆蟲，不僅創造了珍貴的出口貿易，也獲得可作為衣物、燃料、肥料與食物的原料；在撚絲過程中煮熟的大蠶蛹，可以直接食用或是以佐料調味後進一步料理。

除此之外，蠶繭最後未用於撚絲的部分也可以另行加工成填充絲，或是富裕人家過世後鋪進棺材裡的軟墊。

第十四章

茶業

中國與日本的茶葉種植是另一項重要產業，對於人民生活福祉所扮演的角色足以與養蠶業相提並論，而茶業的基礎無非是為了增添開水飲用時的美味。在這些國家，幾乎家家戶戶都會飲用開水，可以作為在個人層面既方便又有效的衛生手段，藉以抵抗在人口稠密國家飲水時幾乎都難以避免的致命病菌。

根據我們至今所認知最徹底的衛生手段判斷，再將人口增加時所隨之提升的實行困難度納入考量，只有將水煮沸的效果才能確保衛生安全無虞，而東亞民族早就盛行以此方式在飲水前將活性病菌消滅。不容忽略的是，中國與日本廣泛要求將飲用水煮沸的作法，是為了讓擁擠的鄉村人口抵禦在大城市中的衛生風險，而美國的衛生工程人員卻只在城市地區重視這項重大問題，主要方法也只停留在從人煙相對稀少的山地取得水源供給便罷。然而美國確保水源潔淨的機會並不比中國與日本高，而且國內大城已經爆發過傷寒大流行，並且建議市民將飲用水煮沸。

若全世界多數人都在家中保持喝茶的習慣，並且隨著人口比例而不斷推廣，包括將茶葉種植進一步擴展至未使用的廣大山坡地、改善農法、製程，致力發展出口貿易，必然能為中、日、韓三國的茶業帶來重大的產業與商業願景。他們擁有最好的氣候與土壤條件，國民也有能力推廣產業。所有重要產線的改良與拓展都不可或缺，才能為市場提供品質一致的優質茶葉，並以此為前提，依循國際道德準則確保彼此的公平交易與共享合理利潤。

這三個國家的稻米、絲綢與茶葉生產大幅受益於適當的環境條件，也足以促進經濟活動的發展與維持。其他國家或許更適合專精於其他產業；乾淨與健康的生活將我們帶入嶄新的時代，以最低成本換得最大收穫的原則，將決定社會進步與國際關係的發展方向。隨著世人對世界和平的可能性與必要性產生重大體悟，我們必須有所認知，**世界和平不僅僅是避免過去千百年來使人蒙難的屠殺行為，也涵蓋了全球產業、商業、智慧與宗教的共榮。**

隨著全球快速的運輸與通訊往來，我們很快便進入社會發展的新階段，全世界被視為同一個和諧的產業體。我們必須了解，某些地區由於其獨特的土壤、氣候與民族條件，更適合生產人類所需要的特定作物，而且成本比其他地區更加低廉，足以將運輸成本涵蓋在內。倘若中國、韓國、日本與印度的特定地區有能力也有意願生產最優質、最廉價的絲綢、茶葉或稻米，那麼**相互交流必然是創造雙贏的最佳選擇；反之，若施以天價一般的關稅壁壘無異於彼此宣戰，對於世界和平與進步更是毫無助益。**

茶葉文化傳入中國的確切時間無從得知，早在西元前便已經存在，而普遍認知的時間點是在超過二千七百年前。根據日本記載，茶葉是在西元八〇五年從中國傳入日本。在這些國家，無論種茶產業何時以何種方式興起，都是許久以前的事，而且至今仍保留大部分的相關文化。在一九〇七年，日本的茶園與種茶面積為十二萬四千四百八十二英畝，所產出的乾燥茶葉總量為六千二百零九萬五千五百三十四公噸，每英畝產量為二百二十公斤。日本每年在將近五百一十八平方公里的土地上生產超過二千七百萬公斤茶葉，而國內茶葉消耗量不到九百九十萬公斤，其餘茶葉全部出口；一九〇七年的茶葉出口價值為六百三十萬九千一百二十二美元，每磅售價十六美分。

中國每年的茶葉生產量遠大於日本。霍西指出，每年由四川運入西藏的茶葉量為一千八百萬公斤，其中大部分產自於四川省岷江以西的山區。根據理察表示，四川在一九〇五年直接出口至其他國家的茶葉量為七千九百二十一萬二千二百六十四公斤，在一九〇六年則為八千一百一十二萬一千九百五十公斤，因此每年出口總量必然超過九千萬公斤，而乾燥茶葉生產總量必定超過一億八千萬公斤。

像籬笆的日本茶園

日本所種植的茶樹叢樣貌如圖 171 所示。茶樹的型態、茶葉的形狀與尺寸，以及深綠色的亮麗葉面，跟美國常見於圍牆與籬笆的黃楊樹相似。當茶樹尚幼、還未覆蓋地面時，樹叢行列之間會長出其他作物，但隨著茶樹成長茁壯，並經過修剪至及腰或及胸高度後，通常會

圖 171：近距離拍攝日本農村旁的茶園，地面具有大量稻草鋪成的護根層。

在空隙間的地面鋪上厚厚的稻草、樹葉、草葉或山坡地上所拔除的雜草，不但能當作護根層與肥料，也能避免山坡地受到沖刷，並迫使降雨被土壤均勻吸收。

茶樹有相當大的比例都種植在房舍附近小塊、零散又不規則的土地，或是尚未耕種的田地上，但也有許多占地極廣的茶樹園，如圖172所示。在每次摘採茶葉過後，就會以修枝剪修剪茶樹枝，使一排排茶樹看起來像經過仔細整修的籬笆。

茶葉是經由手工摘取，通常由女性負責，採茶方式如圖173所示，將茶樹新發的嫩葉採下後趁著新鮮秤重，如圖174所示。

日本每季通常能採收三批茶葉，第一批收成量為每反地一百貫，

圖172：眺望日本茶園一景，位於背景處所佇立的多樹丘陵地一側。

第二批為每反地五十貫，第三批為每反地八十貫，分別等於每英畝地收成一千四百八十五公斤、七百四十四公斤與一千一百九十公斤，總重量為三千四百二十二公斤，而每磅新鮮茶葉可為茶農賺進二點二至三美分，或等同每英畝地一百六十七至二百零九點五美元的毛收益。

我們得知茶園的肥料價格為每反十五至二十日圓，或每年每英畝地三十至四十美元，分別在秋季、早春，以及第一批茶葉採收後施肥。在茶樹還小時，茶農會在茶樹的縫隙間種植冬季與夏季蔬菜、豆

圖 173：一群日本女性正在採茶。

圖 174：日本茶農正為剛採下的茶葉秤重。

類或大麥等作物，藉此帶來每英畝地四十美元左右的收益。若悉心照料並且充分施肥，茶樹的壽命便可以不斷延長，甚至能超過百年。

我們沿著一塊種茶區的鄉間小路從宇治走到木幡，途中經過一間烘茶廠，是棟長方形的單層建築，牆邊共設有二十座烘爐，上頭各有一扇窗。在每座烘爐前方都擺著一盤茶葉，有位只穿著纏腰布的日本男性，正汗流浹背地忙著以手掌翻動茶葉。

我們在另一處看見劣質茶末的製作過程，原料是茶樹經過摘除或修剪掉的葉片，將茶葉乾燥後在打穀場上以搗棒搗碎而成，通常是較窮苦人家才會飲用茶末。

第十五章

關於天津

六月六日，我們離開華中地區前往天津與北方，從上海搭乘近海輪船，再次穿越黃海。我們的輪船在青島稍事停留，讓一批德國軍隊上船，接著又來到烟台，只有這兩地之間的海水比較乾淨，但其實也不全然清澈。從六月十日早晨一直到下午兩點三十分抵達天津為止，我們一路頂著強烈的風沙上溯蜿蜒的白河，甲板變得一片灰濛濛，就好像穿越科羅拉多沙漠的汽車一樣。可見亞洲內陸的土壤，仍然會被洪水與強風帶進河谷與更遠處的海岸平原。在天津與北京之間的廣大地區，以及朝北前往奉天的某些地點，樹木與灌木整齊地沿著矩形行列種植，藉此減弱風力並減少樹叢間的耕地土壤流失。

高昂的稅收與微薄的報酬

我們在此行中結識了來自四川省順慶地區的埃文斯博士。他的夫人是位醫師，專門為中國婦女看診，在我們討論中國人口的增加速率時，她表示在行醫過程中得知中國有許多母親都生了七到十一個小孩，但頂多只會有三個小孩存活下來。據說孩童的高死亡率可歸咎於許多傳統習俗，例如在小孩長牙前就餵他們吃肉，導致致命性的抽搐問題發生。有位從青島登船、在山東行醫經驗豐富的蘇格蘭醫師正好走來，提出了不同見解：「我不確定，應該是取決於作物收成。在豐收時，家族數量就會多一些；但若是發生饑荒，女孩通常會被犧牲，以至於年紀輕輕就因為疏於照料而過世，也有很多都被賣到其他省分。」然而，這種說法的可信度無庸置疑。倘若能夠詳細了解推導出這項論點的案例，或許就能從不同角度看待如此冷漠的陳述。

雖然中國的土地稅已經很高，但埃文斯博士告訴我，相同稅收在一年內重複徵收二、三次的情況可不算罕見。根據中國農民在不同地區的農地稅調查，每畝地的稅收為墨西哥鷹洋三分到一點五鷹洋之間，或等同於每英畝八美分至三點八七美元，而且每季課徵四次。根據天津總領事威廉斯（E. T. Williams）所收集的資料，山東的土地稅約為每英畝一美元，而直隸地區是二十美分。江西省的稅率為每畝二百至三百銅錢，江蘇省則是每畝五百至六百銅錢；若是根據第 68 頁的匯率換算，江西省稅率為美英畝六十至八十美分或九十美分至一美元，江蘇省則是一點五至二美元或一點八至二點四美元。以最低的稅率計算，一百六十英畝的土地稅為九十六美元，換成最高的稅率則多達三百八十四美元。

日本的稅務每季課徵一次，而且國稅、縣級稅與村級稅加總後的估計值約為政府對土地估價的百分之十。除了台灣與庫頁島外，日本於一九〇七年的水田平均估價為每反三十五點三五日圓，旱田為每反九點四日圓，野外荒地與放牧地則為每反零點二二日圓，分別等於每英畝七十點七、十八點八以及零點四四美元；因此，四十英畝的水田稅收為二百八十二點八美元，相同面積的旱田為七十五點二美元，野外荒地與牧草地則是一點七六美元。

埃文斯博士指出，婦女完成工作後的薪酬，每年不超過八鷹洋，或三點四四美元，而當我們問到婦女為何甘願在辛勤忙碌整年後只領取如此微薄的報酬時，他的回答是：「如果她們什麼都不做，那就一毛都賺不到，至少這些錢還夠支付她們的衣著與其他少量開銷。」在他教堂裡的紡紗工每紡完零點五公斤的棉花並繳回紗線，就能再換回零點六公斤的棉花，其中零點一公斤的棉花便是她的報酬。

埃文斯博士也解說了中國許多地方所使用的插枝方法。將樹枝從下方切開，向上彎折並扯開一小段距離，以濕土包覆成球形再裹上稻草，可以保留土壤並有助於之後的灌水作業；裹好後綁上竹條進一步固定。許多新的桑樹園就是用這種方法插枝移植而成。

鹽田風光

我們在早上八點駛入白河口，接著蜿蜒向西，經過一片海拔接近海平面的沙漠平原，遼闊的幅員直至遠方地平線，大沽當局的公有鹽田上點綴著巨大的鹽堆，許多水平帆式風車在風中不停轉動，將海水抽進寬廣的蒸發池。圖 175 中可以看見五座巨大鹽堆與六座風車，另外還有無數小鹽堆。圖 176 是蒸發池的近距離一景，海水曬乾後的鹽分都從池面上被刮起。風車的直徑有九公尺長，可以帶動一到二具木製鏈泵，將鹵水從海水池抽取到二次與三次蒸發池，進行二次與最終濃縮作業。圖 177 可以看到這些風車相當簡陋，但是效率極高、成本低廉又易於操作，八片風帆各長三公尺、寬一點八公尺，懸掛的方式可以使其在旋轉過程中持續被風吹動，並且在邊緣通過臨界點後自動

圖 175：直隸地區位於白河口的大沽鹽田，上頭佇立著鹽堆與風車。

圖 176：近距離觀察海水蒸發池，鹽堆已經準備從鹽田運走。

傾斜，讓反面承受風的推力。總共約四十三點二平方公尺的表面平均接收風力，在四點五公尺的旋轉半徑中運作。水平式的動立輪半徑為三公尺，具有八十八個木質輪齒，並與十五個輪齒的小齒輪嚙合。鏈條驅動軸的另一端有個九支軸臂的捲軸。鏈泵上的打水板或提桶長三十點四公分、寬十五點二公分，相互間隔二十二點九公分，只要一抹微風吹來就能讓水泵全速運轉。

利用風力、潮汐與太陽能，再雇用最廉價的勞力，便能夠大量生產鹽晶。我們在抵達天津前途經公有儲鹽場，在開放的空地上算了算有多達二百堆鹽，而且還是過了三分之一左右才開始計數。平均每堆

圖 177：直隸地區大沽公有鹽場用於抽取鹵水的帆式風車。

鹽必然都超過九十立方公尺，儲鹽場上至少有一千八百萬公斤的鹽。穿著軍服、全副武裝的守衛在走道上全天候巡視，鹽堆上只蓋著長條型的草蓆來擋雨。

在北至山海關以北、南至廣州的中國海岸沿線，都會在適當地點以海水製鹽。我們從總領事霍西的報告中得知，四川省每年至少產出三十萬六千公噸的鹽，其中大部分是以畜力從水井所打上來的鹵水製成，井深二百一十至六百公尺不等。

霍西描述了在自流井區（自貢市其中一個井鹽產區）六百公尺深井的作業方式。在一座飼養四十頭水牛的發電廠地下室有個三點六公尺高的巨大滾筒，圓周長十八公尺，由四頭牛拉動，在垂直軸心上旋轉。滾筒上纏著一條麻繩，在離地一點八公尺處穿過一口井上方的滑輪，再繞過十八公尺高的滾輪後，往下連接一個以竹莖所箍成的吊桶，當繩索放鬆時，吊桶就會快速降至井底。吊桶到達井底後，四名勞工分別驅趕四頭水牛奔跑，時間大約是十五分鐘，或者跑至吊桶從井中拉上來為止。接著便將水牛解開，把吊桶的水倒出後再次拋進井底，接著拴上另一批水牛。工作就這麼日以繼夜地不斷循環。

從井裡打起的鹵水被倒進輸送槽，透過竹管流進蒸發池，此處有許多約十公分寬的圓底淺鐵鍋放在拱形磚灶上，灶裡則燒著天然氣。

在大約一百五十五點四平方公里的區域中，有超過一千座鹵水井與二十座提供天然氣燃料的火井。火井口以磚石封閉，並透過包覆石灰的竹管分別連接至灶爐，末端便是位於鐵鍋下方的鐵製打火頭。自流井區早在西元前就已經利用鹵水井與火井製鹽，著實令人驚訝。

這四十頭水牛的價值為每頭三十至四十美元，每天的飼料共花費十五至二十美分。製鹽的成本為每斤十三至十四銅錢（一斤等於零點六公斤），外加當地政府的酒銅錢稅金，等於製鹽廠每一百磅鹽的成本介於八十二美分至一點一五美元之間。製鹽產業由政府壟斷，所產的鹽會直接賣給政府官員或是在特定地區取得獨家販售權的鹽商。政府明令禁止鹽品進口。中國的鹽稅徵收劃分為十一個銷售區，各區都有自己的供給來源，因此也禁止鹽品跨區運銷。

每斤鹽的成本一般介於一點五至四銅錢之間，零售價約為每磅四分之三至三美分不等，足足是生產成本的十二到十五倍。全中國每年生產約一百八十九萬七千二百公噸的鹽，而一九〇一年的鹽稅將近一千萬美元。

鹽田之外的土地

往天津的航程中除了鹽田之外，河岸邊每隔一段距離便會看見一片幾乎沒有窗戶的矮房（圖 178），都是以土磚砌成，牆壁與屋頂會抹上黏土，屋頂更加上以粗糠與稻草的混料，更有利於擋雨。房子看起來還很新，後來得知是為了即將到來的雨季才剛翻修過。在途經第一處村落之後，便看見平原上出現多不勝數的墳墓堆，我們在沿河上溯將近一小時之後才看見植被，顯然因為土壤鹽分太高而不適合植物生長，但過了這一區，便有結出作物的田地、農園、果樹與其他樹木沿著河岸邊形成不同寬度的邊界。河岸兩側有許多已經插好秧的小稻田，而且農民常會將田地的苗床仔細地整成兩種高度，較矮的田地拿來種稻，並利用手動、腳踏與畜力來操作木製鏈泵，藉此灌溉稻田與其他農作物。

村裡有許多堆類似山東的泥土堆肥，多是由糞便所製成，讓驢子拖著沉重的石輥，村民拿著大木槌在後頭一圈圈地趕著，將乾燥的泥土堆肥與廢棄火炕所取下的土磚磨碎混合成肥料，準備為即將種植的下一期作物施肥。肥料製作完成便會藉由河川與運河載到田裡。

從天津前往海岸的途中都沒什麼農作物，尤其是鐵路所橫越的鄉間，只有低矮的草皮，我們到訪時正好有人在放牧。生產力較高的可耕地主要沿著河川、運河或其他水路分布，不僅排水較好也方便灌溉。此地不像江蘇與浙江省具有廣泛且密集的渠化系統，因此土壤生產力並不高。**更加健全的渠化建設、確保良好的排水系統，以及提升完善的治洪能力，藉此掌控雨季時流經這片廣大平原的降水，成為中國最重大的產業課題**，一旦妥善克服這點，必定能大幅增加可用資源。在我們驅車行經北京通往大沽的舊路途中，常常發現因為旱季導至表土鹽分沉積過高的現象，天津的建設工程師表示，他們在外國租界的公園綠地發現，當樹木根部深入鹽分較高的底土，幾年內就會死亡，但隨著他們開鑿運河與改善排水，樹木已經不再因此枯死。透過運河改善排水與灌溉系統，無疑能夠使目前或多或少含有鹽分的土地，變得像現有水路的鄰近地區一樣多產。

我們開上大沽公路的前兩天剛下過大雨，當我們想要租馬車時，老闆很懷疑馬路是不是能夠通行，因為他先前才被迫派出一隊人馬協

圖 178：直隸地區北河岸邊村莊。

助前一晚拋錨的馬車返回。最後終於多借了幾匹馬給我們。雨季剛剛開始，路上的深溝中灌滿了雨水，使路況更加艱難。我們沿路途經的其中一座小村莊，在狹窄的街道中央鑿了一條九十至一百二十公分深的水溝，兩邊距離住家只剩下一百五十公分的通行路寬，我們的四輪馬車穿過水溝中的泥濘時，水深幾乎淹過輪轂。

我們在晚間下過雨的隔天早晨，看見天津與北京之間的許多農夫拿著寬板鋤頭在田裡忙活，在第一時間刨出土壤護根層，以保留所需的濕度。如圖 179 及圖 180 所示，男性利用鋤板長三十三公分、寬二十三公分的長柄鋤頭挖進表土中，這種鋤頭相當有效率，讓農民能夠快速覆蓋表土。

再往前走去，我們看見六名婦女在即將收成的小麥田中撿拾掉落在行列之間的早熟麥穗。我們不知道拾穗是不是女性的特權，或單

圖 179：中國的淺耕法，藉此刨出能保留土壤濕度的護根土層。

圖 180：用於淺耕出護根土層的鋤頭，鋤板長三十三公分、寬二十三公分。

純只是工作的一部分；她們身強體壯、神情愉悅，而且穿著合宜的服裝，看起來還不到中年，此時已經接近中午，但每個人手裡的麥桿都還不到一整把。直隸地區本季的氣候跟山東一樣格外乾旱，所以作物長不太高，農民或許也因此特別節儉；但也可能與生產比起來，這些人本來就更擅於節儉。落下的麥穗留在地上就會浪費，而倘若拾穗是女性在田裡的特權，她們的收益顯然比我們在法國所見到、於小麥收割後收集麥穗的老年女性更高得多。

在天津與北京之間的農田，所有小麥都是連根拔起後將根部的泥土甩掉，再捆成小束後運回家中，有時會透過驢子與牛所拉動的重型拉車來載運，如圖 181 所示。農民也在田裡的一行行小麥之間種下小米，而且已經發芽。當小麥拔除後，就會為土地施肥並種下大豆。由於遭逢旱季，這位農民估計每英畝頂多只能收成八到九蒲式耳。他原本預期每英畝田能收成十三到十四蒲式耳的小米，以及十到十二蒲式耳的大豆。如此產量根據當地價格，每英畝的小麥、大豆與小米分別能賣到十點三六美元、六美元與五點四八美元。

這片土地歸皇室所有，租金為每英畝一點五五美元，土壤有點接近砂質，並不算肥沃，每英畝的施肥價格為三點六一美元，結算下來每英畝地的收益為十六點七一美元。

我們曾交談的另一名農民在拔除小麥後，打算以小米與大豆成排交替種植。他預期每英畝地將能收成十一到十二蒲式耳的小麥、二十一蒲式耳的大豆與二十五蒲式耳的小米，以當地的穀物與草桿價格計算，每英畝地能帶來三十五美元的毛收入。

圖 181：採收小麥一景，將小麥連根拔起並捆成束。天津地區最常見的農耕團隊中，包含體型較小的驢子與中等體型的牛隻。

極致的土地利用

在我們走過田野即將抵達下一站時遇見另一位農民，他也與大夥兒一樣不辭辛勞，只願能多增加一些作物產量。這塊田地緊臨一片防風林，樹木擴張的根部消耗了作物所需的水分與養分。為了阻止耗盡，農民沿著田地距離防風林約六公尺處挖出一道深達五十公分的溝槽，藉此斬斷地面上的樹根，防止樹木繼續消耗土中水分與養分。溝槽並未回填，而我們發現某個有趣現象；在靠近田地這一側，幾乎所有被斬斷的樹根都發出至少一枝帶葉的新芽，但與樹幹連接的那端卻一直沒發出枝葉。

直隸地區的居民就跟其他地方的中國人一樣，都是相當能幹的農民，善於把握灌溉的時機。

有位農民稍早種了高麗菜，隨後又在同一季種了甜瓜與蘿蔔。他的地租為每英畝六點四五美元，而三種作物的每英畝施肥成本都接近八美元，等於每英畝總共需花費二十九點六七美元。他種的高麗菜、甜瓜與蘿蔔售價分別為每英畝一百零三美元、七十七美元與五十一美元又多一些，合計每英畝地總收益為二百零三點二美元，可為他帶來二百零二點五三美元的淨利。

第二位農民種的是馬鈴薯，每英畝可收成一批三千六百公斤的幼馬鈴薯，以及一批七千二百公斤的成熟馬鈴薯。每英畝幼馬鈴薯的售價為每英畝五十一點六美元，成熟馬鈴薯則為一百八十五點七六美元，合計兩批作物在同一季的收入為每英畝二百三十七點三六美元。農民很早便會種下第一批馬鈴薯，以確保這兩批馬鈴薯能在同一季收成，在與俄亥俄州的哥倫布以及伊利諾伊州的史普林菲爾德相同緯度的地區，第一批馬鈴薯塊莖大約核桃大小時就會收成。這塊田地的租金與肥料花費為每英畝三十點九六美元。

另一位農民種的是冬小麥，緊接著是洋蔥，再來是高麗菜，後兩種作物都需要經過移植；三種作物所帶來的收入為每英畝一百七十六點七三美元，而肥料與租金花費為每英畝三十一點七三美元，因此農民的淨收益為每英畝一百四十五美元。

這些古老的農民學會儲藏與保存像梨子、葡萄等易腐水果的技巧與方法，以便持續在市場上銷售。梨子在六月下旬相當常見，總領事威廉斯也告訴我，葡萄通常可以保存到七月。在與翻譯員討論農民的保存方法後，我只記得果農會用紙將水果包起來，再放進能夠保持恆溫的乾燥土窖中。我們所交談過的外國人都還不知道這種方法。

用來將蔬菜保存到冬天的土窖就如第 139 頁的圖 73 所示，土窖最後都會被塞滿。

勞力的價格

關於中國此地的勞力價格，我們透過總領事威廉斯得知，師傅級的工匠每天可領到墨西哥鷹洋五十分，出師後的學徒工則為墨西哥鷹洋十八分，或者分別為二十一點五美分及七點七五美分。農工每年可以領到二十至三十鷹洋，或者八點六到十二點九美元，若將伙食、燃料與津貼包含在內，總計約為十七點二到二十一點五美元。這番薪資比美國支付給低效率勞工的月薪還低。中國的童工相對較少，或許是出於成年勞工既充沛又廉價的因素。

第十六章

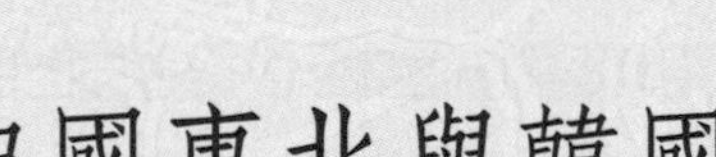

中國東北與韓國

北緯三十九度線正好擦過天津南邊，一路向西穿越有如靴型的義大利腳趾部位、葡萄牙的里斯本、幾乎觸及華盛頓與聖路易，並來到太平洋沿岸的沙加緬度北邊。我們正要離開的鄉村在七月的溫度約攝氏二十六度，到了一月只剩約攝氏零下一度，可能結成六十公分厚的冰；這裡十八年來的平均最高溫為攝氏四十度，最低溫為攝氏零下十五度，其中有兩次的最高溫達到約攝氏四十五度，也有兩次低到約攝氏零下十三度以下；而在與華盛頓同緯度的沿海地區，平均年降雨量為五百公釐，但在六到九月的降雨量總計只有八十六公釐。

我們在六月十七日早晨五點四十分搭乘北洋鐵路火車（Imperial North-China train）朝北前往東北地區與芝加哥同緯度的奉天，鐵軌長度將近六百四十四公里，一路穿越往中國北部延伸的廣大海岸平原。在全球最冷地域的南方，一月平均溫度低於攝氏零下四十度，會帶來使奉天一月均溫降至約攝氏零下十六度的北風，但奉天的七月均溫卻高達約攝氏二十五度，而年降雨量只有四百七十公釐，其中大部分集中在夏季，與天津相同。

中國北部海岸平原的降雨量稀少，使用效率卻很高，因為其分布條件有力，也受益於夏季的炎熱。在生長季初期的四到六月，降雨量僅有一百零六公釐，到了快速生長期的七到八月，降雨量增加至二百九十公釐，在成熟期的九到十月，降雨量為七十八點二公釐，到了年末則只有二十六點九公釐。大部分的降雨發生在作物需水量最大的時期，降雨量最少的冬季中期，也正好是作物生長度最緩時間。

隨著我們的火車離開天津，有很長一段路程所到之處的鄉村農業發展欠佳、未經耕作、地勢平坦，土壤含鹽量顯然很高，而且土地缺乏良好排水。運河所在地區的作物生長狀況最佳，作物或多或少都會沿著河岸區域分布。當時的氣候悶熱，但農民都拿著大鋤頭忙活，多餘的衣服通常都丟在一旁，身上只穿著短汗衫與寬鬆的長褲。

在塘沽村莊附近的產鹽區，到處可見巨大的鹽堆以及尚未集中的小鹽堆，再加上為數眾多的風車，構成當地最顯著的景色，但卻幾乎沒有農業發展或植被。過了北塘也有其他製鹽廠，還有一條運河往西邊朝天津流去，也許此地的鹽會由水路運往天津，沿途都還能看見鹽堆與風車，一直到漢沽附近為止，並有另外一條運河從漢沽流往北京。此地的海岸線朝東邊離鐵路遠去，城郊外的平原上散布著許多墳墓，上頭有成群的牛羊在吃草。

另一種田園景象

當我們趕往灤河三角洲地區、抵達唐山之前，曾途經一處生產力極高的農村。茂盛的樹林使地貌一片蓊鬱，小米、高粱與小麥田沿著鐵軌綿延數英里長，直到平原那一端的視野盡頭。我們隨後看見種植兩排玉米與一排大豆的農田，兩排作物間隔不超過七十公分，每株玉米相隔約四十到四十六公分，還經過細心鋤地、毫無雜草，並且鋪著厚實的護根土層；然而在豔陽的熾熱高溫下，玉米葉還是捲了起來。唐山顯然是座地處鐵軌沿線的新興大城，平原地形上散布著三十至六十公尺高的錐形山丘。搗碎的泥土堆肥以貨車由城裡大量運往農田，每十二到十八公尺便堆著一座重達二百二十五到三百六十公斤的堆肥。開平的地勢稍有起伏，我們經過的第一條鐵路有一點八到二點四公尺深，還有溪水從農田地表下方三至三點六公尺處流過。右方的古治區遠處有低矮山丘，我們在此看見大量乾燥、粉末狀的泥土堆肥，就堆在田地上尚未種植的狹長區域。在有作物的田地上，我們看不出來是種了哪些作物。比起山東省以及其他由農民提水到田裡栽種或移植作物的地區，這裡的施肥程度更加普遍，範圍也更廣，目的是確保作物幼苗隨時能迎接第一場降雨的到來。

接著我們穿越一條九十公尺寬、接近乾涸的溪床，後方則是在防風林旁種著作物的砂質平原。作物還小，但顯然因為防風林的遮蔽而長得比較好。吹進防風林的風沙堆了九十公分高。在抵達奉天之前，沿途經過許多這樣的防風林，而且通常位於幾乎乾涸的溪床北面。

繼續往山海關前進，我們穿越大片寬廣的平原，這裡幾乎比美國中西部玉米帶更加平坦，一覽無遺。此地同樣也種植了玉米、高粱、小麥與豆大，平原兩側遠處散布著零星的樹叢，一旁隱約可看見一些沒有籬笆的矮房子，而且放遠望去一條路也看不見。我們所穿越這片遼闊的田野上，點綴著數百位忙碌的農民，田野間四處都有看似迷路的大型馬車，因為根本沒有能夠路標能夠指引方向。

在作物尚未成熟的農地上，有些較早種植的作物已經收成，這些區塊現在堆著土肥與糞肥，多達數百噸的肥料散布在田裡，無疑將在往後三、四天內被翻進土中。

我們在灤州看見即將出口到日本與歐洲的大豆潮，如圖 182 所示，一袋袋粗麻布袋透過大騾子所拉的貨車運入此地。鐵路沿線也滿是成堆的大豆，而且沒有遮蔽物，全都等著火車將其運往輸出港口。

這裡的作物與其他地方同樣是成排條播，但並非只有一種穀類。最常見的是兩排玉米、高粱或小米中穿插著大豆，間隔通常不超過七十公分。這種方式能確保田裡的大量作物接收到不可或缺的陽光，也

圖 182：直隸灤州地區，從東北輸出的大豆。

確保有固氮作用的大豆根系在每季都能持續拓展到整片土壤，並使土壤更持續、更完整地受到根系固著。在玉米或小米行列間空隙較大處便會種植大豆，由於根瘤死後會在當季發生氮化，使大豆根瘤從土壤空氣中所聚積的氮立刻受到利用，此時作物還在地面上生長，而這番腐敗作用所釋放出的磷與鉀化合物也能立刻讓作物吸收。

這天最後的行程，火車在傍晚六點二十分來到直隸與東北交界處的山海關停靠，我們在一間日本人開設的旅店過夜；隔天一早，從位於二樓的房間踏上走廊，映入眼簾的是萬里長城的東方門戶，看來慍怒又帶點嚴肅，長城往西蜿蜒二千四百一十五公里，跨越二十經度，已然佇立超過二千一百年，是人類有史以來所構思、由單一民族所建造最卓越的建築。城牆基座厚度超過六公尺，牆頂厚度也超過三點六公尺，拔地而起四點五至九公尺高，全長兩面皆有胸牆，每一百八十二公尺便有一座超過六公尺高的烽火台，它必然曾將當時的交戰時機與戰爭方式納入考量，在數以千計的士兵起身捍衛長城時，絕對是史上最無大膽也最有效的國防建設。當然，建造與維護的成本之高也是無可比擬。

即使長城真的是由二萬名石匠耗費十年所建設、由四十萬名士兵守衛、由二萬名軍需補給人員供給所需，並由三萬名其他人員負責運輸、採石與製陶工作，以當時的六千萬人口計算，所使用的人力還不到百分之零點八；根據埃德蒙．提利（Edmond Théry）估計，歐洲現今在和平時的軍官與士兵，約占四億總人口的百分之一，若每人每天的糧食、衣物與生產力耗損成本為一美元，十年下來就要消耗超過一百四十億美元。而中國透過其傳統習俗，要維持四十七萬名軍人每天三美分的花費相對容易得多，十年的成本不過五億二千萬美元。法國內閣在一九〇〇年批准一項海軍計畫，在往後十年內的開銷為六億美元，等於全國男性、女性與孩童都被徵收超過十五美元的稅金。

不一樣的中國東北

我們在早晨五點二十分離開山海關，並於傍晚六點三十分抵達奉天，等於一整天都馳騁在中國東北的原野上。東北地區面積為九十四萬一千九百八十三平方公里，約等於南北達科他州、明尼蘇達州、內布拉斯加州與愛荷華州的面積總和。地形輪廓酷似一隻大靴子，位於東邊的旅順港緯度與華盛頓州相仿，山海關則與匹茲堡同緯度，這兩地都位在靴子地形的腳趾部位，靴子的大腳足以橫跨賓夕法尼亞州、紐約州、新澤西州與整個新英格蘭地區，並延伸跨過新布倫瑞克，腳跟位在聖勞倫斯灣。位於靴子腳背的哈爾濱落在蒙特婁東方八十公里處，腿部則朝西北方延伸至詹姆斯灣附近，並一直到渥太華河北方與加拿大的大西洋沿岸地區，共涵蓋緯度一千六百一十公里、經度一千四百四十九公里。

寬四十八點三公里的遼河平原與中央的松花江平原，是東北地區最大的平原地帶，兩者共同在兩座平行山脈系統間形成一條狹長谷地，從旅順港與山海關之間的遼河灣沿著遼河朝東北方上行，再沿著松花江下行到黑龍江，總長超過一千二百八十八公里。這塊平原地帶擁有肥沃、深厚的土壤，使東北地區得以仰賴這些沃土與其他分支河川的底泥發展農業，靠著不超過六萬四千七百五十平方公里的耕地供養八百萬至九百萬人口。

東北地區的林地極廣，也有豐富的牧草以及礦脈資源，未來的發展潛力可期。與北達科他州中部位於相同緯度的齊齊哈爾，人口數在九月至十月間會從三萬驟增至七萬，因為蒙古人此時會將牲口帶來此地市場販售。吉林位於輪船沿著松花江所能抵達的終點，由於擁有豐富且廉價的木材資源，因而成為中國帆船的造船中心。河水時而呈現乳白的松花江是條大江，在洪水季的水流量超過位於其河口上方的黑龍江；吃水三點六公尺的輪船能在黑龍江上航行七二十四點五公里，吃水一點二公尺的輪船則可以航行一千九百三十二里之遠，因此中部與北部省分在夏季擁有天然的內陸水路，但其位於北方的入海口在一年之中有六個月會因為結冰而無法航行。

中國的萬里長城正因為建材的使用壽命屆滿而快速崩毀，而我們也跨越了長城不遠處另一條寬闊但幾乎乾涸的溪床。此地正綻放著先前在南方遠處、蘇州西邊所看見的野生白玫瑰，大量小白花團簇爭豔，與蔓性白玫瑰相似。其中一叢生長在運河岸上的野玫瑰蔓生到樹叢上，將其中一棵九公尺高的樹木包覆在花幔之中，如圖 183 所示。圖片下半部是花叢的近距離照片。

這叢玫瑰的莖幹距離地面九十公分高，周長三十六點八公分，假如能在西方國家生長，必定是公園與公路造景的最佳選擇。稍後的路程中，我們在奉天與安東鐵路沿線看見許多次這種白玫瑰，但都沒有先前看到的這麼茂盛。每朵花的直徑不足二公分，通常是到七朵聚成一簇，有時也會倆倆成對，偶爾才會單獨一朵。葉子大多是五出複葉，有的是三出複葉；每片小葉呈現寬矛形、葉尖漸細並帶有細齒；棘刺細小，可以再生但量少，只出現在小分枝上。

在後方的農田裡，有隻驢子正拉著長九十公分、直徑三十公分的石輥，將剛整好的狹長田埂頂部壓實，一次壓兩條。小米、玉米及高粱是此地的主要作物。再越過另一條幾乎乾涸的溪流，此處地勢較為起伏，並受到較深的溪溝切割，除了在青島附近的陡峭山邊見過外，這還是初次在中國看見這種地形。這裡還有些土地未經耕種，未開墾的荒地上有五十到一百頭成群的山羊、豬、牛、馬與驢子正在吃草。

東北的田地比中國其他地區更大，有些作物行列可以長達五分之二公里，所以通常會利用驢子與牛隻協助耕種，農民也會以四人、十人、二十人成群務農，一塊田裡最多有五十人共同為小米鋤草。以這最大群人數而言，每人每天的雇用金額為十美分，他們或許是來自山東省的人口稠密地區，一般會在春季離鄉幹活，可能到九月或十月才返鄉。農工會在田裡吃晚餐，牲畜也一樣，我們當天稍早曾看見農民利用滑車將糧草、飼料跟犁具與其他工具一同運到田裡，到了中午便以滑車充當秣槽供牛隻、騾子或驢子進食。

在需要開挖密集深溝與整起田埂的農田，這些工作通常由一頭大

圖 183：六月二日首見於蘇州西方，並且於六月十八日在東北地區再次看見的野生白玫瑰，下半圖為同一叢花的近距離照片。

公牛與兩隻小驢子並列而成的隊伍所完成，三頭牲畜比肩並行，由公牛來拖行犁具，也可以用大騾子來代替公牛。

雨季尚未來臨，在許多已經開始耕種與移植的田裡，有時會以桶子從附近的溪流打水，或是以貨車拖運水缸，分別為土丘澆灌。在種植作物前，農民會利用窄板鋤頭沿著田埂頂部挖洞，再用勺子一點一點地為每座土丘灌水。這些眾多範例顯示，農民在雨季來臨前願意付出額外勞力，協助作物在極度乾燥的土壤中發芽，以留下更多成長時間使作物得以充分成熟。

堅實的田埂與密集、水平的作物行列，是此地普遍採行的作法，藉此似乎較有利於充分利用降雨，尤其是較早期的雨水，而倘若後期的降雨都是滂沱驟雨，同樣也能受益於此。透過陡峭的狹長田埂，能夠使驟雨在滲入田埂前立即流進深溝底部，而溝底的濕潤土壤有助於田埂下方的側向毛細水流從犁溝深處滲入，提供水分與可溶性養分讓使作物完整且快速地吸收。當驟雨降下時，每條犁溝都像一條長型蓄水池，不但能預防沖刷，同時也促進快速滲透。田埂永遠不會被水淹過或變得泥濘，使土壤中的空氣能在溝底水分沉降時快速逸散。平坦的田地無法在滂沱大雨灌進土壤孔洞時發揮如此效果，因為土壤孔洞被水封閉，下方空氣無法散出，必須先排出空氣，雨水才能進入。

由於地表面積增加會促進蒸散作用，將作物行列間隔維持在約六十至七十公分，田埂便能防止土壤水分的浪費，再加上田埂原本帶來的其他好處，雖然作法有些費力，但在這種條件下似乎也相當合理。

為即將耕種或已經種植作物的田地施用粉末狀的泥土堆肥，這種作法不僅在山海關常見，在我們離開山海關後也很普遍。在住家距離鐵軌較近處，時常看見農家院子裡堆著堆肥。沿路上約有三分之一的農田即將耕種作物，有些已耕種完成，多數農田中已經堆好即將施用的堆肥，也有農民正以三頭騾子所拉行的貨車將堆肥運到田裡。

在沙後所鎮與寧遠州之間不到零點八公里的距離內，就有十四塊農田正在施肥，之後的一點六公里內有十塊農田，隨後的兩公里內又有十一塊農田，接下來的三點二公里內更多達一百塊農田，而就在即將抵達車站之前，我們以手錶計時，僅僅五分鐘的車程，就有多達九十五塊農田已經施肥完畢、即將播種。有些農田裡的肥料是撒在犁溝之中，犁溝兩旁是著去年種植的作物，顯然是要翻耕到土裡，從而調換田埂的位置。

過了連山以後，鐵路已經接近海邊，可以看見海上有一艘帆船，有許多鹽堆在鹽田蒸發池邊，一旁還有先前所述的風車正轉動不停。這裡尚未開墾的低地上同樣有大量牛隻、馬匹、騾子與驢子在吃草，而我們接著穿過的另一塊地區，所有田地都已經耕種完畢，田裡頭看不見肥料堆，倒是有成群的男性正忙著鋤草，有時一夥多達二十人。

在山海關與奉天之間的每座火車站，都有中國士兵手持刺刀長槍站崗，而從錦州府開始，有位中國官員帶著訪客與侍衛進入我們的車廂，其中包括全副武裝的士兵。官員與訪客相當引人注目，各個相貌隨和又彬彬有禮，華服上的圖樣豐富，都是以亮麗奪目、多彩卻不張揚的絲綢所繡成，交談的聲音不絕於耳，時而嚴肅、時而談笑。他們大約在一點上車，滿是中式料理的午餐隨即上桌，上到最後一道菜時已經將近四點。每到一個車站，士兵都會列隊敬禮，直到官員的車廂駛離為止。

在即將抵達錦州府時，我們看見第一季所種植的田裡還留著上一批作物的雜亂殘株，農民通常會將殘株收集起來運回村莊並推在院子裡，可以當作燃料或製作堆肥。在火車接近大凌河時，我們看見有群男性正在小米田裡鋤草，田地兩側的人群分別有三十人與五十人。各自少量成群的牛、馬、驢、山羊與綿羊正在河邊及尚未耕種的田地上放牧。通過車站並跨越大凌河後，我們途經另一片種著柳樹的沙丘地帶，沙丘之間的平地上則種著小米。再過不久，我們經過一處有許多牲畜正在吃草的未開墾平地。在溝幫子有條鐵路支線穿越遼河平原直達牛莊港，我們在此附近看見不少墳墓。此地給我們的第一印象，像極了美國沼澤濕地的草場，隨後便是遠方的一片蓊鬱映入眼簾，要不是體積龐大，必然會以為那是新鮮的青草。那些其實是鮮綠色的乾草，顯然是在乾燥天氣裡曬乾而成。

大虎山的鐵軌沿線與集貨場上堆著大量的穀物袋，但還好有草蓆遮蔽。這裡也一樣，會以三頭大騾子載運乾燥的泥土堆肥稻田裡，農民則忙著在打穀場上將堆肥搗碎混合準備施肥。田裡幾乎所有作物都是小米，但有些地方尚未開墾，就用來放木馬、牛、驢子跟騾子。

火車行駛到新民府時，鐵軌將往東轉個大彎，跨越遼河直達奉天，我們首次看見大量準備出口的大型豆渣餅與大豆，全都以麻袋堆在鐵軌兩旁，有的已經裝上車廂準備運走。

離開新民府車站，我們經過穀物發黃的農田，這也是初次在中國看見明顯缺氮的作物與土壤。經過下一站，又看見農田中的作物泛黃、色澤斑駁、良莠不齊，令人想起在美國很常見、在中國至今卻甚少看見的景象。我們隨後越過遼河寬闊又有沙丘起伏的河道。遼河擁有我們目前所見過最大的水量，不過水位較淺、河象平穩，是半乾旱氣候在旱季尾聲的典型特徵。我們很快便到達下一站，這裡的集貨場與鐵軌沿線所有空間都堆滿了豆渣餅。

自從日俄戰爭起，東北的大豆與豆渣餅運輸量便大幅增加。至此之前，都會將豆渣餅運到中國南方省分當作稻田的肥料，不過現在已然發展出新的市場，就我們所得知，豆渣餅如今的價格若要當成肥料已經不符成本。從一九〇五年一月一日到三月三十一日為止，單是從牛莊出口的豆渣餅就多達一百零二萬八千七百公斤，一九〇六年更增加到二百一十九萬七千三百五十公斤。不過根據天津官方的報告指出，一九〇九年初到三月三十一日為止，從大連出口的豆渣餅與大豆價值只有一百六十三萬五千美元，與一九〇八年同期的三百零六萬五千美元與一九〇七年同期的五百一十二萬美元相比，已經明顯衰退。

愛德華・帕克（Edward C. Parker）在奉天為《評論的評論》所撰寫的文章指出：「牛莊、大連與安東在一九〇八年的豆渣餅、大豆與大豆油運輸量分別為五十二萬五千五百零一公噸、二十四萬四千零八十三公噸與一千九百六十九噸，總價值為一千五百零一萬六千六百四十九美元。」

根據霍普金斯的成分分析表，如此的大豆與豆渣餅運輸量，會使東北地區的土壤因為當年的出口貿易而減少六千二百九十四公噸的磷、一萬零二百九十八公噸的鉀與四萬八千七百六十八公噸的氮。假使這種比率維持二千年，就會使土壤損失二千零五十九萬七千八百八十公噸的鉀、一千二百五十八萬八千八百四十公噸的磷與九千七百五十三萬六千四百八十公噸的氮；以磷來說，若以純度為百分之七十五的磷酸鹽岩礦計算，如此出口量超過美國產磷量的三倍，也超過全世界在一九〇六年的出口量十八倍。

中國北部與東北地區選擇小米與高粱作為主食，就如同南方地帶選擇稻米當作主食一樣明智，對於維持中國龐大的人口供養能力而言，這些作物扮演了重要角色。在營養價值方面，這些穀物與小麥可謂並駕齊驅；較粗的草桿可廣泛作為燃料與建材用途，較細的草桿則是絕佳的糧草，也能直接用於增加土壤的有機質。這些作物的生長速度極快，而且相當耐旱，適合中國北部與東北地區的氣候，因為這裡的降雨集中在六月底過後，而且入秋不久就會太過寒冷，不利作物生長。快速成熟的特性使這些作物也適合在南方種植，複種農法在南方相當普遍，而且受益於良好的耐旱能力，即使在過於乾燥、不適合生長的土壤中仍然能存活好一段時間，並且在久旱逢甘霖時加快腳步迎頭趕上，所以同樣適合在水源不利於灌溉的高地上種植。

山東省的高粱收成量高達每英畝九百至一千三百五十公斤，而乾燥高粱桿的收成量更有每英畝五千七百一十二至六千一百二十公斤，與一點六至一點七考得的乾燥橡木等重。在東北的奉天地區，以每蒲式耳重量為二十七公斤計算，每英畝地的高粱穀粒平均收成量為三十五蒲式耳，並且可提供十一點七公噸的燃料或建材。霍西表示高粱是東北居民的主食，也是勞動牲畜的主要穀類糧食來源。以冷水清洗高粱穀粒後倒入鍋中，再加入四倍的沸水烹煮一小時，不用加鹽，就與稻米一樣，煮熟後以筷子取用，可以搭配燙熟或鹽漬蔬菜食用。他也指出，一般僕人每天需消耗約一公斤的高粱，而幹粗活的勞動者食量則倍增。霍西的中國友人家中有五位僕人，每個月需提供他們一百零八公斤的小米，另外還有兩天份約七點二公斤的天然麵粉以及兩天份的肉類，但肉類確切份量不詳。其他食物還包含粟米、黍子、小麥、玉米、蕎麥與其他穀物，但主要是為了豐富飲食的種類。

高粱葉也能製成大量的草蓆與包材，提供諸多用途所需，就類似日本與中國南方常用的稻草蓆與稻草袋。

山東省的小米每英畝可收成高達一千二百一十五公斤的穀粒與二千一百六十公斤的草桿。一九〇六年，日本的粟米、稗米與黍子種植面積為七十三萬七千七百一十九英畝，共收成一千七百零八萬四千蒲式耳的穀粒，平均每英畝二十三蒲式耳。除了小米類作物外，日本同年也種了三十九萬四千五百二十三英畝的蕎麥，收成量為五百九十六萬四千三百蒲式耳，平均每英畝產量為十五蒲式耳。圖 184 是種植在蠶豆行列之間的小米，已經長到十五點二四公分高；而蠶豆大約已在六月中旬成熟，葉子已經掉光，蠶豆也從豆莖上採收完畢，再經過一段時間，等到根部腐爛之後，就能將豆莖連根拔起捆綁成束，作為燃料或肥料。

圖 184：日本千葉，種植在蠶豆行列中的小米田。

經過整日的密集考察與記錄，抵達奉天時我們已經疲憊不堪。我們下榻的禮查飯店距離車站約有五公里遠，而且與車站間唯一的接駁工具是沒有彈簧坐墊的四人座的敞篷單馬車，因此在整整一小時的緩慢車程後才抵達飯店。

不過外國人在這裡就像在東方世界的其他國度一樣，眼前的異國風情與生活步調足以使人將任何不適拋在腦後。最讓人印象深刻的見聞，莫過於我們在傍晚街道上所看見許多東北女性那令人驚訝又奇妙的髮型，一頭烏黑秀髮無比柔順地盤起，兩側有如火雞尾扇般開展，又好似公雞尾羽般向後彎曲；相較之下，還是中國南方與日本女性普遍樸素、優雅、端莊又不失藝術氣息的髮型比較有魅力。

從奉天到安東的路程需要兩天，火車會在草河口停靠過夜。我們一路上大多經過山區或陡峭的丘陵地，而且車廂很小，透過一具小型引擎拉動，行駛在九十五公分寬的狹窄輕軌上，這條鐵軌是日本人在日俄戰爭時所鋪設，好在戰事激烈的遼河平原與松花江平原上運輸部隊與補給物資。許多路段相當陡峭，彎度極大，而且不少地方都必須將車廂分隔，引擎才能順利通過。

往南經過遼河平原後，作物幾乎全都是小米與大豆，偶爾才看見大麥、小麥與少量蕎麥。在奉天與跨越渾江後的第一站之間，我們在其中一側看見二十四塊廣大的大豆田，另一側則有二十二塊，隨後大約二十四公里路程中，還經過三百零九塊鄰近鐵路、種植大豆與其他作物的農田，接著便進入丘陵地帶，路上也看見兩座日本人為了紀念當地戰事而豎立的紀念碑。這些田地相當平坦，距離下方幾乎乾涸的溪床約有四點八公尺至六公尺，大多是透過馬匹或牛隻來耕作。

離開平原地區，鐵路橫越一條寬度不足一點六公里、狹長蜿蜒的谷地，坡度相當陡峭，連我們的火車都得分段通過。有百分之六十的山坡地用於耕種，幾乎延伸至山頂附近，而山頂坡度每九十到一百五十公分就會上升超過百分之一。未耕種的山坡上長滿年輕小樹，幾乎都不超過六至九公尺高，但每一區塊的樹齡顯然不同。後方山坡上的許多耕地是以石牆圍繞的梯田。我們接著跨越一條大河，鐵軌就架在河中的木筏上。火車在過河之後，為了爬上坡度達三十分之一的山坡，又分成了幾節，經過五次頭尾對調才爬上山頂，從另一側下山時的坡度則是四十分之一。

堆肥、伐木與水車灌溉

我們在狹谷沿路看見許多農家都有堆成方形的平頂堆肥，高度約七十六至一百零一公分，占地面積從一點八到五點四平方公尺不等，其中一座堆肥甚至有五點四平方公尺。愈來愈多線索顯示，這些山地與丘陵原本都長滿密集的樹林，而且新生樹苗的成長相當迅速，顯然頻繁伐木的習俗由來已久，樹木被砍下時的樹齡各不相同，但通常在還小時就被砍掉。劈成相同長度的大量木材堆放在鐵軌兩旁，陸續運上車廂。有些木材還是圓木，有些已經劈開；還有以這些圓木與破柴所製成的木炭，都裝進麻袋裡方便運輸，如圖 161（P.273）所示。樹林的某些地帶能在不受砍伐的情況下生長超過二十年，但大部分林地的砍伐頻率相當高，通常三到五年、頂多十年就砍伐一次。

在我們所經過的幾處湍急溪流邊，可以看見用來碾磨豆類或穀類的機具，正是現代渦輪水車的雛形。與中國各地所特有的機械一樣，水車只保留了符合作業需求、最精簡的結構，幾乎沒有任何飾體。渦輪為向下排水式，形似我國的現代化風車磨坊，直徑有三到四點八公尺，水平設置在石磨底部所穿起的垂直軸上，渦輪葉片上環設邊框，當溪水流經水車時，便會帶動傾斜裝設的葉片。在美國工程師與技工眼裡，這種設備可能既簡陋又粗糙，效率也很差。但在內行人眼中卻是精通運作原理的典範，顯示這些人早在許久以前就發現溪流所潛藏的動能，並且成功地善加利用。

這兩天的路程一直豔陽高照，雖然我們一大清早就從奉天搭火車上路，但有位日本男性已經預料到氣溫會升高，走進車廂時只穿著輕便和服與涼鞋，手上拿著手提箱與另一袋包袱。他整天都沒下車，全車乘客就屬他的衣著最舒適自在，但也顯得不太端莊。隔天早上，他穿著相同服裝坐在我們面前的座位，但在火車抵達安東前，他便取下手提箱，換上一席高級西裝，並把和服摺好與涼鞋一同打包。

我們離開安東、跨越鴨綠江渡口，在六月二十二日早晨六點三十分來到新義州。雖然這裡的鐵路官員、傭員、警察與警衛跟在奉天車站一樣都是日本人，但我們發現自己已經來到截然不同的國家、置身於截然不同的民族中。鴨綠江在安東跟新義州地區的江面寬廣、江水和緩，若說是條江水，反倒更像是大海的一角，使我想起佛羅里達州傑克遜維爾的聖約翰河。

韓國的綠色原野風情

原來六月二十二日正好是韓國名為「鞦韆節」的國定假日，在我們前往漢城（今首爾）途中，農田裡頭幾乎杳無人煙，大批人群盛裝打扮齊聚鐵路旁，有的團體甚至多達兩、三千人以上。許多地方掛上鞦韆讓年輕人玩樂，男孩和成年男性泡在各種「游泳池」中嬉戲，因此當然也有一些公共演說家趁著人多露天開講。

幾乎所有人都穿著白色外套，布料上開著許多小孔，就跟蚊帳差不多，質地硬挺，感覺會完整保留衣服上的所有凹痕，而且透明得幾乎能看見內衣。女性穿著漂亮的蓬裙，相互搭配的長褲也相當蓬鬆，褲管則束在腳踝上。整套服裝似乎有相當堅挺，所以不會黏在皮膚上，穿起來無疑相當舒適。此刻雖然有風，卻相當悶熱又潮濕，但看見這種服裝隨風飄逸，倒也帶來些許涼意。

韓國男性與中國男性一樣留著長髮，但沒有綁辮子，也不會將一部分額頭剃光，而是把頭髮捲起在頭頂盤成一圈，再以髮簪固定；不過在我們車廂內一起從奉天搭到安東的韓國男性卻相當時髦，居然用三寸釘來充當髮簪。韓國的開口帽上有個以竹片編成、又高又窄的錐形帽頂，顯然是為了容納這種髮型而設計，同時還能兼顧涼爽。

這裡跟中國的東北與其他地區一樣，幾乎所有作物都是成行種植，包括像小麥、裸麥、大麥與燕麥等穀物在內。我們首先經過一片地勢平坦、砂質土壤的濕地，水位不低於地面下方一點二公尺，其中地勢最低的地方開著與我國野生鳶尾花同屬的花卉。小麥即將結穗，但玉米與小米長得比東北地區還小。我們在早上七點三十分離開新義州，在八點十五分行經一片低地駛入谷地狹長的山區。山坡上四散的年輕松樹很少超過三到七點五公尺高，當我們駛近後才發現原來山上種著許多小橡樹，樹苗的年齡顯然不超過兩歲。農村的房舍屋頂通常是以稻草搭起，如圖 185 所示搭得像瓦片一樣，而後方山坡上就有如剛剛提過的矮樹林，只是種得特別密集。路邊時常有遮雨棚下方堆著一捆捆的松樹枝，顯然是作為燃料用途。

八點二十五分，我們穿過路上的第一條隧道，沿路還有許多隧道，其中最長的隧道路程需要火車耗時三十秒才能穿越。遠方的山谷中滿是小麥田，一行行的小麥之間還穿插著大豆。目前為止所看見的田地，無論是耕作的徹底度或是照料的仔細度都比不上中國，作物產量自然也差一些。在我們接著經過的山坡地上，松樹可以根據樹齡分成兩批，其中一批的高度約有九公尺，另一批頂多只有三點六到四點五公尺高，松樹枝間還穿插大量的橡樹苗，很可能是作為野生柞蠶的

圖 185：一群搭著茅草屋頂與土牆的農舍，佇立在韓國茂密山林的山腳下。

食物。某些地貌可以看出橡樹，其他落葉樹與草皮每年都會砍伐一次，只有松樹能夠存活得久一點。隨著我們繼續南下，滿山遍布著橡樹幼苗，甚至延伸至山坡上，就像尋常的農作物一樣，高度約有六十至一百二十公分。山腳下的房舍旁也都有一捆捆的稚嫩樹苗，再次證實以橡樹葉餵食柞蠶的猜測，雖然當時已過了第一次蛻皮的時間。我們離開漢城後，來到一片廣泛種植稻米的寬闊谷地，這裡普遍施用的綠肥是以山上所運下來的橡樹枝與青草所製成。

在冬季與早春時節過後，作物已經收成了，農民利用大閹牛拉著簡單的犁具，將原本種植作物的狹長田埂翻耕成犁溝，這種牛與中國牛不同，卻與日本牛很相近。隨後便將田地放水灌溉成圖 10（P.37）中的模樣。將青草與橡樹枝鋪在放滿水的田埂上，再次犁田時便會把草料與樹枝翻入濕潤的泥土裡。如果翻耕得不完全，農民就會將細枝與草葉踩進土壤裡，直到被土蓋住為止。同一張圖中間便是已經整好地並且插秧完的稻田，左前方是兩塊已經犁好但還沒施肥的田地，右方較遠處是施過綠肥、正在犁第二次的田，圖片最前方則是剛鋪好青草與樹枝，還沒犁過第二次的田。

我們跟搬運青草下山的農民與牛隻擦身而過，而在我們前往釜山的路上，有愈來愈多山地上都種著要用於耕地的綠肥。圖 186 前方以及圖 187 中農民正將草料踩進土裡的田地，都是施用這種綠肥。在多數情況下，草料是鋪在稻田的邊上；有時也會在穀類收割完畢後，盡快將草料帶進田裡堆放在捆好的作物旁；還有些時候，則是在穀物尚未收割但即將收成時，將草料鋪在一排排的作物空隙之中。在某些農田裡，每隔九十公分就會鋪上三分之一蒲式耳的綠肥，有些則是將灰燼與草料穿插堆放，接著將糞肥與灰燼混合後，再與綠肥輪流鋪設；

圖 186：眺望韓國谷地一景，農民正在稻田裡插秧，前方農地施用的肥料是山上所收割的牧草。

圖 187：稻田裡鋪著從山上運下來的橡樹葉與草葉，正在忙活的農民已經把一半的草料踩進土裡。

我們還在其他田裡看見尚未加工的稻草散落處，等著派上用場。清道地區的農民會將稻草沾上漿料，通常是泥土與灰燼的混合物，或者是加水稀釋而成的堆肥糊。

經過慶山後，當地人會用組裝的鞍架將大把青草馱在閹牛背上運下山，在某塊田裡，我們看見有位男性用形似畫架的工具背著大量青草來到一小塊田地。我們發現韓國人也會採用水分充沛時就能豐收的水稻，也得知在夏季大量降雨時，農民依然會從山上引水到農田裡，並施用能提供腐殖質與有機物質的青草，以及取自山林的燃料所燒成的灰燼。透過這些方法，農民便能補足密集農作所消耗的養分。

根據我們所見，韓國可耕谷地周遭的林地覆蓋率並不高，如圖185、圖188及圖189所示。有相當充分的跡象顯示人民會定期砍伐林地，也可以看見許多劈成三十公分長的木材以動物馱運到火車站。如圖189所示，有些地區的水土流失相當嚴重，我們到達金泉（Kinusan）之前就曾行經這種地區，不過大部分的山地還是有低矮的灌木與草本植物覆蓋。

韓國最南邊的緯度與南卡羅萊納州、喬治亞州、阿拉巴馬州與密西西比州的北界相仿，東北角則與威斯康辛州的麥迪遜與內布拉斯加州的北界緯度相近，因此韓國地界橫跨經度九百六十六公里，面積約二十一萬二千三百八十平方公里，與明尼蘇達州略同，但陡峭的丘陵與山地占據了一大部分的地表。六月二十三日，雨季尚未開始。漢城南方的小麥與其他小型穀物已經收成完畢，各地農民都忙著用搗棒在住家旁或田裡的開闊區域打穀，打一批穀子通常會用上四把搗棒。隨著我們的路程南下，山谷與農田愈見寬廣，農耕方法更加精良，作物顯然也長得更好。

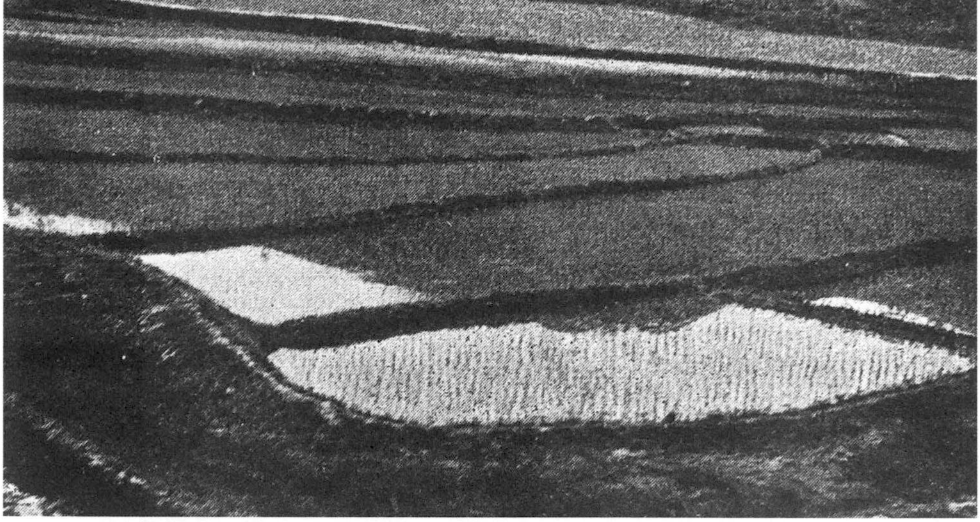

圖 188：山谷入口的稻田，後方山地的松樹稀疏。

圖 189：遠眺山坡旁的小麥田一景，山地水土流失嚴重，現今正鼓勵造林。

韓國並沒有腳踏式或畜力汲水工具，也沒有中國式的木製鏈泵，但我們看見許多形似湯匙的長柄吊勺，以一根繩索掛在三腳高架上，如圖 190 所示，只要單人操作就能有效率地從低處打水。圖 155（P.268）中也能看見另一種汲水工具，需要有人在轉輪上踩踏，常見於日本。韓國南方有大量的麻樹，但大多是種在各自獨立的小塊田地上，為當地景色點綴了深綠色澤，而每塊麻樹田應該都分屬於某一家所有。

晚上六點三十分，火車在悶熱天氣裡風塵僕僕地來到釜山。車廂內的服務很棒，且相當舒適，不過並沒有美國火車上必備的冰水壺，取而代之的是，幾乎每個大站都有男孩在販賣清涼的瓶裝水與汽水。火車班次與往來日本的輪船航班連接地相當緊湊，所以我們立刻登上預計在八點起錨前往門司與下關的壹岐丸號。這艘船可說麻雀雖小、五臟俱全，提供了最高級的服務。我們的航程一路平順，隔天早上六點三十分便停泊下錨，並且透過汽艇接駁到碼頭，再趕上從長崎出發的火車。

圖 190：韓國的灌溉用吊勺，可以將水提至九十至一百二十公分高。

我們搭火車穿越九州島，眼前所見與我們剛離開的國家並沒有太大差異。沿途仍然滿是鮮明韓國特色的稻田，只不過耕種的程度更加密集，生長季也比較長。這裡大多利用馬匹來犁田，而不像韓國用閹牛耕作。從中國傳到韓國，再從韓國傳到日本，顯然與中國相比，韓國的農耕方法與工具跟日本比較相似；隨著我們見到的日本農法愈多，愈發覺得若不是日本農民從韓國農民身上學習，就是韓國農民向日本農民取經，與中國的淵源反而遠了點。

日本精緻獨有的火車服務

從門司前往長崎的路途中，我們在午餐時得以了解日本火車上引人入勝、令旅客感到滿足的供餐款待。在每個大站，車窗旁都會有人以附有蓋子與提環的釉彩陶壺供應熱茶，同時還提供陶製茶杯。整套茶具服務的價格為日幣五錢，等於二點五美分。只是茶水裡頭沒有加糖或牛奶。

午餐相當豐盛，而且整潔又衛生地放在三層木餐盒中，餐盒是以乾淨的木材、木榫與作工完美的接點所打造成。我們掀開盒蓋，首先看見的是餐巾紙、牙籤與一雙筷子；第二層裝著肉片、雞肉與魚肉，一旁還有竹筍、醬菜、糕餅與一小撮鹽漬蔬菜；最主要的底層則裝滿米飯，飯煮得有點硬，而且沒有加鹽，是中、日、韓三國的傳統吃法。餐盒長十五公分、深十公分、寬九公分，交到旅客手上時，餐盒外還以潔淨無瑕的白紙包得整整齊齊，並講究地打了個帶點顏色的結，售價為日幣二十五錢，等於十二點五美分。因此旅客只要從車窗遞出十五美分，就能好整以暇地享用誠意滿滿的豐富餐點。

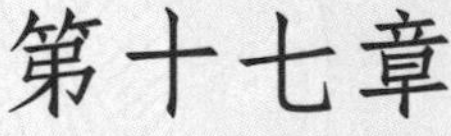

第十七章

再訪日本

我們在第一個雨季的中期回到日本，六月二十五日，長崎的一場小雨從前一晚下到當天晚上。日本大飯店在狹小的街道對面還有兩間客房，佇立在一處靠牆露台旁，露台從街上拔地而起，足足有一百二十八點四公尺高，面對著美麗的港灣。房客只能透過一條蜿蜒石階前往客房，石階兩旁是兩道擋土牆，牆上掛著叢生的灌木，在雨水中好似青翠的雨滴。

走過另一條更長、更崎嶇的石階上，我們來到美國領事館，總領事希德摩爾（Scidmore）在這與世隔絕的優美住所，得以暫時逃離紛擾，在美國旅客與人力車伕的糾紛中喘口氣。

透過札幌帝國大學與國家農業暨商業部的熱心協助，時任教授在長崎與我們見面，並且陪同我們走過大部分的日本行程。我們的第一站，便是造訪長崎的縣立農業實驗站。日本在四大主島上還有另外四十座實驗站，平均占地一萬一千零八十五平方公里，每一百二十萬人就中就有一座。

九州島的緯度跟密西西比州中部與路易斯安那州北部相同，一年可收成兩期稻作，而長崎農民每年則種植三期作物。一戶農家所耕作的土地約為五反，不到一點三英畝，年收益約為每英畝二百五十美元。為了維持收入，每英畝地需要價值六十美元的肥料，並且分別在三期作物之間施用，原料大多是城市廢棄物、動物糞便、排水道淤泥、燃料灰燼與草皮所製成的堆肥。雖然肥料花費看似高昂，但別忘了農作物幾乎能完全販售，而且每年可以收成三次。如此密集的農作若要維持高產量，必然需要大量補充土地養分。經過良好耕作的土地每反價值三百日圓，約等於每英畝六百美元。

在返回門司造訪福岡縣農業實驗站時，路上所看見的第一批稻米已經長到水面上二十點三公分高。沿路上的大蓮花池尚未將水排乾，稻田與未耕作的山地之間有南瓜、玉米、大豆與愛爾蘭馬鈴薯田。許多零碎地區都以狹長田埂種植番薯，田埂上撒了一層薄薄的青草，有時也會鋪上稻草或其他雜草，防止土壤受到沖刷，或是被雨後的豔陽烤乾。我們在喜喜津經過公有製鹽場，透過曝曬海水的方式來製鹽，日本製鹽業與中國一樣都是受政府壟斷。

一路上的青草與其他野草都被捆成束，並收集起來用在稻田裡。有些灌溉好的稻田已經鋪上綠肥，農民正忙著把綠肥壓進土裡，如圖 191 所示。

此時的山地一片蓊鬱，但除了寺廟周圍以外，其他地方的樹木長得並不大，而且通常分布成不同小區域，由於樹齡差異而界線分明。有些地區的樹木剛剛經過砍伐，其他地區的樹分別長到第二至第四年

圖 191：將青草鋪進灌溉好的稻田作為綠肥，準備種植下一期稻作。

不等，也有些樹的樹齡長達七到十年。有座村落堆滿了剛從鄰近地區所砍伐並收集而來的灌木燃料。

少數田地上仍留著二月時種在穀物行列間的大豆，農民正將青草壓入灌好水的土壤中，為下一期稻作準備。運到田裡的大量堆肥與稻草層層疊高，並且整得有稜有角，使堆肥呈現垂直的立方體狀，高度約有一百二十到一百八十公分，而每層堆肥的厚度約十五公分。

我們抵達田代之前經過一處臘楊梅果園，在稻田之間的隆起地面上種滿了臘楊梅樹，就跟我們在中國浙江看見的桑樹園一樣。從遠處望去，這片果樹看起來很像美國的蘋果園。

我們從福岡實驗站得知，稻田的犁耕深度通常有八點九到十一點四公分，然而犁得越深，收成量也越高。在平均為期五年的實驗中，犁耕深度達十七點八到二十點三公分時，產量會比原本的犁耕深度提高百分之七至百分之十。

從福岡縣山地運至稻田中的草料，每英畝地施用量為一千四百八十五至七千四百三十四公斤，根據分析資料記載，如此份量的青草能為每英畝地帶來八至四十一公斤的氮、五點六至二十八點四公斤的鉀，以及一至四點八公斤的磷。

將豆渣餅作為肥料的田地，每英畝施用量約為二百二十三公斤，可以帶來十五點二公斤的氮、將近二公斤的磷與三點三公斤的鉀。泥土堆肥主要使用在旱田中，而且要在完全腐爛後才能施用，爾後的發酵過程至少需經過六十天，在此期間會將肥料翻動通風三次。若是用在水量充足的稻田裡，堆肥施用時的發酵程度便不用太高。

福岡縣稻米的最佳產量為每英畝八十蒲式耳，大麥的產量可能更高，這兩種作物可以在同一年種植，先種大麥再種稻米。在日本多數地區，勞動人口的穀類食物中約有百分之七十是裸大麥，稻米約占百分之三十，兩者的烹煮與食用方法相同。大麥的市場價格較低，而以大麥為食便能將大部分的稻米當作經濟作物。

種出來的肥料

一年之中種植每期作物都會為土壤施肥，福岡實驗站為縣內農民提供的大麥與稻米施肥建議可參照下表：

裸大麥肥料				
	磅 / 英畝			
肥料	施肥總量	氮	磷	鉀
堆肥	6613	33	7.4	33.8
油菜籽餅	330	16.7	2.8	3.5
糞尿肥	4630	26.4	2.6	10.2
過磷酸鹽	132		9.9	
總計	11705	76.1	22.7	47.5
水稻肥料				
	磅 / 英畝			
堆肥	5291	26.4	5.9	27.1
油菜籽餅	3306	19.2	1.1	19.6
糞尿肥	397	27.8	1.7	6.4
過磷酸鹽	198		12.8	
總計	9192	73.4	21.5	53.1
年施肥總量	20897	149.5	44.2	100.6

在依照建議施肥的田裡，每英畝地年施肥總量將近十公噸，為農地補充了六十七點八公斤的氮、二十公斤的磷與四十五點六公斤的鉀。實驗站的農田以這種方式施肥，每英畝地可收成四十九蒲式耳的大麥與五十蒲式耳的稻米。

日本在此地區的輪作建議周期為五年，頭二年的作物包括小麥或裸大麥，與夏季的稻米輪作；第三年冬季種植「粉紅苜蓿」（紅花草）或其他豆類當作綠肥，夏季種植稻米；第四年的冬季種植油菜，菜籽可以留下，莖部燃燒後的灰燼則回歸土壤，少數人也會直接將莖部翻進土中；在最後的第五年，冬季種植腰豆或蠶豆，夏季依然是稻米。但當地農民尚未全面實施這種輪作農法，大多選擇油菜或大麥，而到了二月便在行列間種植蠶豆或大豆當作綠肥。

從我們考察中顯然可以發現，在中國利用堆肥來施肥的農法比韓

圖 192：日本福岡實驗站的土地與建物一景。

國與日本更普遍，不過為了鼓勵生產與使用堆肥，福岡縣與其他縣的農民只要在特定地區製作並使用堆肥達十六點六至三十三點一平方公尺，就能獲得補助。

在我們到訪當日，福岡農業大學並未開課，因為作物移植季結束的隔天放假。圖 192 是實驗站的土地一景，建築物旁襯托著美麗的景色。日本並不會砸大錢打造像美國大學與實驗站那樣精緻又壯觀的建築物，而是投入研究所需的設備之中，無論是專業人員或是設備，都比美國類似機構更上一層樓。

宿舍系統在大學裡頭蔚為風潮，每個月的房間與住宿花費為八日圓，等於四美元。一共八名學生分配在一間寬敞的房間內，每人都有一張書桌，但床鋪就只有一張床墊，夜晚可以鋪在地上，白天時就緊密地收在衣櫥的架上。

日本所使用的犁與韓國相似，如圖 193 所示，右邊的犁要價二點五日圓，左邊的則是二日圓。利用單一手柄與右手所握持的滑桿，便可以引導犁的走向，再將犁往兩邊傾斜，就能把土壤分別翻到左側或右側。

在實驗站用於稻米育種實驗與各種測試的苗床，就如圖 194 所示。雖然這些田地都灌了水，但比起被圍繞在內部的植株，在邊界地帶與活水道相鄰的植株長得比較高大、顏色較為深綠，顯示其養分吸收較佳。

但最令人費解的是，這些較健壯的植株卻不曾用來移植，就好像比瘦弱的植株更貧弱一樣。

我們在六月二十九日傍晚離開九州島，跨海來到本州主島，並且在下關等待隔天一早的火車。下關附近的谷地種植了大面積的稻米，

圖 193：兩種日本犁具。

圖 194：福岡實驗站用於育種與實驗的稻米苗床。

山谷間最近剛成排插好的水稻緊密相鄰，間距約三十公分。山地與丘陵地的造林密度高，山腳附近大多是針葉林，不過從山腰到山頂種的全是要當作肥料與飼料的青草。

在剛收割的土地上種了許多不到三十公分高的小樹；山路旁盡是一叢叢修長又優雅的竹子，增添些許美麗景色。幾台貨車滿載著根部直徑約五至十公分、長度超過六公尺的細長竹竿，走在景色優美、甚少圍籬的狹窄道路上。

在稻田的邊界與田間小路上，小堆小堆的稻草正等著被鋪在移植好的秧苗行列之間，接著被踩進水中，上頭再鋪上泥巴為土壤施肥。這裡的農民跟其他地方一樣，必須對付放肆蔓延的各種雜草與我國常見的藜草，就連稻田裡也不能放過。

在整趟路途中，隨處可見大範圍的山地與丘陵地，也有少數的小塊耕地此時尚未灌溉與插秧。

凌亂無章的拼接風景

假如初探這片優美土地的旅客感到乏味，必然是因為景色從眼前飄過的速度太快，只能勉強拼湊起沿途風貌，雜亂程度更勝婦女在拼湊破布時所下的功夫，不僅片段零散、輪廓歪七扭八，甚至還會起皺、重疊，或是從各種角度顛三倒四。以下是旅程中的一小段紀錄：

過了埴生之後，山麓丘陵的樹林茂密，主要是針葉林。山谷相當狹窄，只有小塊的稻田。四處可見叢生的竹子，路邊也有一捆捆砍成爐灶長度的柴火。

接著我們跨越一條幾乎種滿稻米的狹長山谷，又途經一條寬度不足半英里的谷地才抵達厚狹，隨後看見的稻田占地都不大，一旁則是稍早才砍伐過的矮丘陵，形似灌木的幼苗正冒出頭來，其中多半都是松樹。

現在我們位於狹窄的山谷中，兩旁不是稻田就是空無一物，而我們隨即竄入另一片地勢接近水平面的寬廣稻田，然後在早上十點三十分抵達小野田；再繼續行駛三分鐘，又來到丘陵地之間，不過這裡並沒有種稻，而且樹木大多是松樹，伴隨著叢生的竹子。

過了四分鐘，我們周圍有許多小塊的稻田，並且在十點三十五分經過另一座山口，又跨越一座稻田與蓮花池交錯的谷地，然而不到一分鐘，兩旁的山谷又逐漸封閉，只留下足夠讓鐵路通過的空間。十點三十七分，我們沿著一條開墾著梯田的狹長谷地行駛，在竹林中可以看見許多丘陵地都是黃土一片，並散落著零星的松樹與其他小型樹木；出了山谷，我們看見一片鋪著厚實稻草護根層的農園。

到了十點三十八分，周圍的丘陵地變得更高了，狹窄的稻田只能沿著鐵軌兩旁延伸，但是這番景象只維持了兩分鐘，我們再次進入矮丘陵之間，丘陵上則開有旱梯田。十點四十二分，我們疾馳在種著稻米的平坦山谷中，但兩側很快又出現丘陵，上頭的裸露土壤顯示出嚴重的水土流失。之後我們便隨著一條十八公尺寬的河流行駛，河邊只有些許面積較小的耕地。十點四十七分，我們再次經過緊鄰鐵軌的狹小稻田，農民正忙著徒手拔草，膝蓋的一半以下都泡在水中。十點五十三分，我們駛入一片往南朝海邊延伸的廣闊谷地，不過僅僅一分鐘便跨越谷地進入另一座山口，並且在十點五十五分橫越一塊幾乎種滿稻米的山谷，但這裡有些水田種的是燈心草，以類似種稻的方式一叢叢地成行種植。我們在此時行經並跨越一條河流，河岸兩旁修築著向後延伸的堤壩。十一點十七分，我們離開這片平原，進入一條沒有農田的狹谷。

由此可知，日本的農地大多位於狹小的谷地中，通常坡度較陡，並且因為山谷中常有突出的山坡地形，使谷地與坡地的界線凌亂無章。

這天的旅程在十四小時內跨越了五百六十三公里，一路穿越如此秀麗又奇特的國家，除了在地貌多山、廣泛種稻的東方國度以外，如此美景無處可尋，而且只會維持到插秧季節結束的十五天內。這裡沒有高山，也沒有極其遼闊的山谷；沒有大河，也少見湖泊；沒有起伏不平的裸岩、高聳參天的森林，也沒有直達地平線盡頭的寬廣田野。然而低矮、圓頂、覆蓋著泥土的山頂罩著草本植被，年輕的森林在不高的山丘與陡峭的狹谷中綿延，驟降的地形並透過一連串接近水平面的平地與主河道接壤，如圖 195 所示。

此地無數的梯田圍繞在隆起的田埂之中，就像輕輕落下的水滴所凝聚成一張張銀白光澤的水片，田裡剛插秧的稻株無論間隔、高度

圖 195：日本本鄉與福山之間的梯田谷地一景。

或密集度都恰到好處，不至於阻礙水流，卻又足以使田地表面呈現雅緻的翠綠光澤。青草蔓生的狹窄田埂將水留在窪地中，使梯田成為一張華麗的拼貼畫，好似從二千年前就被大自然的某位藝品工匠鑲在谷底，再交由後人在漫長的歲月裡悉心照料；落在田地上的雨水、來自山上的沃土與天堂降下的陽光，都經過稻米轉變成家家戶戶的食物，從而撐起整個民族。

兩個星期以前，此地的樣貌與現在相差甚遠；兩個星期以後，映照在田地表面的水也會被這片快速生長的翠綠秧苗所吸收，待秋季來臨，田裡便會布滿熟成的穀粒。只有在最寬闊谷底的少數梯田表面與水平面相接，其餘梯田的水面高度各有不同，使如此美景更加增色。我們在其中一段路程沿著一連串的坡地下行，再透過蜿蜒的山谷爬坡，繞到一座突出山坡的背面，途中隨處可見日式農舍或別墅佇立田間，溪水與茂盛的稻田幾乎倚著山壁，一旁地勢較高的梯田水面甚

圖 196：位於梯田邊、坐落於稻田中的環水房舍。

至快要與屋頂齊平，如圖 196 所示。無庸置疑，日本人鍾愛自己的國家，更是天生的造景藝術家。

燈心草的織墊

在抵達本鄉之前，有大片土地都被整成東西向的隆起苗床，上頭還蓋著稻草蓆，草蓆以些微角度朝南方傾斜，離地六十公分高，並且朝北方露出開口。我們無從得知此地種植何種作物，但草蓆顯然是用於提供遮蔽，因為時值仲夏、氣候炎熱，而我們推測此地種的應該是人參。我們在此也看見燈心草田，廣島縣與岡山縣都種了大量的燈心草，但除此之外的其他地區就比較少見。跟稻米一樣，燈心草最初也是種在苗床裡，接著再移植到水田中，一英畝苗床的燈心草苗可供應十英畝的水田種植。每叢燈心草約有二十至三十株，成行種植，每行間隔十七點八公分，每叢中心間隔十五點二公分。

田裡大量施肥，每英畝地每年施肥成本為一百二十至二百四十日圓，等於六十至一百二十美元，肥料包括豆渣餅與植物灰燼，近年來也會施用硫酸銨來補充氮，並且施用過磷酸鹽補充石灰質。作物所需的肥料用量中，有百分之十是在整地階段施用，其餘用量則隨著季節的推近而分次補足。

同一塊田地每年能收成兩批燈心草，或是與稻米輪作，但大部分是種在排水不易或者不適合其他作物的土地上。

圖 197：近期剛移植稻米的燈心草田，後方是公有鹽場。

與稻米輪作的燈心草田如圖 38（P.78）及圖 197 所示，後方海岸邊則是公有鹽場。

長得最壯的燈心草能超過九十公分高，市場價格正是取決於燈心草莖的長度。在最佳的農耕條件下，每英畝土地可產出高達六點六公噸的乾草莖，而平均產量略低於此，一九〇五年，日本共九千六百五十五英畝的土地產量為三千八百三十九公斤，每英畝產物售價為一百二十至二百美元。

以燈心草為原料編織成標準大小的草蓆並縫上墊料表面，便可以鋪在地板上，成為日本普遍常見的坐墊，如圖 198 所示。

我曾耳聞少女倆，各有獨特品味，

圖 198：日本少女以常見的坐姿在鋪設坐墊的地板上玩花牌。

兩間小房要妝點，沒有時間浪費；
兩人相隔八千里遠，每日光陰難追回，
一人住在日光小街，一人身在百老匯；
兩人一同動身，各自歡欣鼓舞，
裝飾心愛閨房，心中已有藍圖。
愛麗絲上街採買，帶回一張大銅床，
衣櫥、椅子千百物，可愛鏡子放一旁；
小小身形一眼望，一對燭台照明眸，
小巧玲瓏梳妝台，珍愛點滴在心頭！
矮書架上書香飄，襯托瓷器搶眼，
擺物儲櫃不能少，古董齊上爭艷；
一張精巧寫字台，飾物隨心擺，
一具電話不可忘，真情傳過海；
東方風情小地毯，馬德拉斯布窗簾，
蕾絲襯裡藏其中，搭配玻璃正合眼；
精美沙發可愛無比，膨鬆椅墊綿又軟，
四十枕頭材質各有，絲綢亞麻厚絨棉；
東方飾物何其多，依我所知半不足，
閒置空間不算少，她全以照片填補；
幾竟全功，她輕吐一口喘息，
環顧四周，一抹哀傷浮眼底；
「再來尊小雕像，無論蕨草或銀鶴都好，
房裡還塞得下！」紐約的愛麗絲如是說。
日本近江小妹也上街，趴踏，

一把紙扇加一張草蓆，回家；
她在窗邊花瓶插一支百合，
美麗臉龐的疑惑之情難遮；
「你真的不覺得嗎？又有百合又有扇，
未免太擁擠啦！」日本的近江如是說。
——瑪格麗特·強森（Margaret Johnson），發表於《聖尼可拉斯誌》

一九〇六年，日本農家以燈心草織成的地墊共有一千四百四十九萬七千零五十八張，其他用途的墊子也有六百六十二萬八千七百七十二張，總共價值二百八十一萬五千零四美元，此外，當年由七千六百五十七英畝農地所產出最高品質的燈心草，都被用來生產外銷出口的精美墊子，出口額高達二百二十七萬四千一百三十一美元。以土地的產出與投入產品製作的勞力計算，每英畝土地的產值總計為六百六十四美元。

栽種農法的改善

在明石農業實驗站的小野教授帶領之下，我們認識了幾種日本的水果栽種農法。他當時正進行一項實驗，目的是改善為梨樹截頂與修枝的方法，本書先前在第 32 頁已有相關說明。

還有一項研究是探討將水果套袋的優缺點，範例如圖 5（P.32）及圖 6（P.33）所示。造訪當時，女性研究員正在製作紙袋，將舊報紙剪下、摺疊並黏貼即可完成。在果園裡利用裸栽的方式，並將魚粉與含有石灰質的過磷酸鹽混合成肥料，每年施肥兩次，每英畝的施肥成本總計為二十四美元。

原生種梨樹在產量佳時，每反的收益為一百五十日圓，而歐洲種梨樹的收益為每反二百日圓，分別等於每英畝三百及四百美元。日本也種植了在中國相當普遍的枇杷，收益約為每英畝三百二十美元。

我們在此首次看見從種子種起的幾種牛蒡，氣候恰當時，每年能收成三季，或是作為複種農法的三種作物之一。牛蒡的食用部位是根部，每英畝收益為四十至五十美元。若是在三月種植，七月一日就能收成。

在我們一大早搭火車前往明石的途中，經過一整列由牛隻、馬匹或勞工索拉行的貨車隊伍，正走在與鐵軌並行的鄉間小路上，車上載的全是從神戶運往田裡的糞便，路程將近十九點三公里，而每噸糞便能賣到五十四美分至一點六三美元。

從下關前往大阪時，我們在幾個地方看見農民將熟石灰撒入稻田的水中，然而明石實驗站所處的兵庫縣從一九〇一年就禁止撒放熟石灰，除非在實驗站當局的監督之下，才能用以改善土壤中的酸性或驅除蟲害。在此之前，農民習慣以每英畝地三至五公噸的用量撒放熟石灰，成本為每噸四點八四美元。最初通過的禁令只允許使用以三十七公斤石灰與三百七十二公積有機肥的比例混合使用，但由於農民堅持要更大量施用，因此當局決定完全禁止使用。

先前已經提過使用堆肥所能獲得的補助，而縣內的各鄉村還會根據評審委員會的審核頒發最佳堆肥獎。各鄉村獲得前四名的堆肥，便能與其他鄉村一同角逐另一個委員會所頒發的全縣首獎。

兵庫縣在稻米收成後所種植作為綠肥的「粉紅苜蓿」，每英畝地產量較佳時可收成二十點四公噸的青草，而且通常足以提供三倍大的農地施用，每英畝用量為六點七公噸，殘株與根部則直接留在種植苜蓿的田地裡。

我們在七月三日離開大阪南下，經過堺市抵達和歌山，接著往東北方前往奈良實驗站。在經過前兩個車站後，鐵路旁經過地勢平坦的農田，許多小黃瓜掛在棚架上、南瓜的花朵大量盛開，另外還種了芋頭、薑與各種蔬菜。經過濱寺後，眼前出現平坦的沙地，上頭密集地種著松樹，松樹間則穿插著稻田，此地農民利用圖 12（P.38）所示的

圖 199：將殘株分散並埋進泥水中當作肥料。

旋轉式除草機來除草。大津市的稻田面積廣闊，不過農民在這裡用的是短柄式除草耙，而且會將先前留下的殘株集合成小堆，如圖 199 所示，之後再平均分散並埋進泥土中。

此地的山區普遍種植松樹，而且屬於私有地，樹木大約每十年、二十年到二十五年砍伐一次，在砍樹之前就會將樹木標售，再由買主前來自行砍伐，一匹馬所能載運的木材要價四十日圓。

鐵路由此進入陡峭爬升的紀之川陝谷，此地農民以各種汲水方式來灌溉稻田，峽谷裡的水車四處可見，有時會看到以牛隻帶動的水泵，但大多數還是腳踏式的動力輪，農民就站在輪圈邊緣踩踏，手裡

圖 200：日本橋本近郊農地所見的輪式人力水汞。

則拿著長竹竿保持平衡，如圖 200 所示。這裡大部分的山坡才剛砍伐不久，也就是圖中的淺色地帶。然而我們也是在這條路線上的橋本近郊，拍到了圖 134 與圖 135（P.248）這兩幅美景。

我們在實驗站得知，奈良縣的人口為五十五萬八千三百一十四人，耕地面積為十萬七千五百七十四英畝，其中有三分之二都是稻田。縣內約有一千座灌溉儲水槽，平均深度為二百四十公分。除了降雨之外，稻田的灌溉水量平均為四百一十四點五公釐。

山區約有二千五百英畝的耕地用於種植綠肥，以供田地施肥所需。關於將作物製作成堆肥的方法，已經於本書第 183 頁提過。奈良縣每年兩期作物的施肥建議量如下：

有機物質	每英畝三千七百一十一至四千六百四十磅
氮	每英畝一百零五至一百三十一磅
磷	每英畝三十五至四十四磅
鉀	每英畝五十六至七十磅

根據第 186 頁的養分消耗表，在缺乏其他養分來源的情況下，如此施肥量已經足夠應付先種植三十蒲式耳小麥，並接著種植三十蒲式耳稻米所需的養分，而且磷的用量綽綽有餘，不過鉀稍嫌不足。

在奈良下榻的飯店，是我們所停留過最美麗的日本旅店之一，我們的房間面向二樓陽台，向下望去有個長二十四公尺、寬六公尺的小湖。湖岸上的岩石長滿青苔，一旁是恣意叢生、盈滿自然之美的樹木與灌木；竹子、柳樹、冷杉、松樹、雪松、紅葉楓、梓樹與其他植物，沿著岸邊圍成蜿蜒的林間小徑，狹小的步道從旅店通往一間半隱蔽式的小屋，裡頭顯然是女傭的住所，因為她們不斷來往於此。日本住家門前何以擁有這番自然美景，可以從圖 201 的例子窺知一二，然而上述風貌的規模遠大於此。

七月六日早晨，我們從也阿彌飯店倆倆搭乘一輛人力車，前往位於市郊西北方三公里處的京都實驗站。才剛走上鄉間小路，我們就發現自己身在一列貨車隊伍之中，每輛貨車都拉著容量約有四十六公升的加蓋儲存槽，裡頭裝滿從城裡運來的廢棄物。在到達實驗站前，我們總共遇上了五十二輛類似的貨車；在回程的路上，又遇見六十一輛從相同方向過來的貨車，也就是說，我們待在實驗站的五個小時期間，從城裡經過相同路段運往鄉間的廢棄物至少多達約九十二公噸。

圖 201：日本人家的美景。

在其他道路同樣有類似的貨車往來，這些貨車都是由馬或牛拉動，而且貨架都很長，假如貨物不足以裝滿整個貨架，便會將貨物平均分配在頭尾兩端，利用車身的彈性提供彈簧般的效果，藉此降低對車子的磨耗。

沿著山間小路運往城裡的商品中，最普遍的就是從山區運下來的燃料，將劈開的樹枝捆成一束束，長度大多介於六十至七十六公分，但有時也會長達一百二十到一百八十公分；還有以樹幹與粗枝所燒成四到十五公分不等的木炭，也會用草蓆打包。日本用於拉車的動物大多是牛隻或種馬，我們幾乎沒看見幾頭閹牛或閹馬。

圖 202：賞櫻。

早在一八九五年，日本政府便開始積極尋求馬匹育種的改良，當時還指派一組委員會制定全面性的改良政策。馬匹管理局於一九〇六年成立，使這項政策的進展達到顛峰，管理局的任務是執行長達三十年的計畫，共分為兩階段；第一階段為期十八年，政府在此期間將取得一千五百匹種馬，並配給至全國提供私人育馬配種用途；第二階段為期十二年，改良體系應該已經使優良馬種完全普及，也使農民熟悉妥適的管理方法，這份工作往後就交由他們負責了。

由於我們的主要目的是深入考察農業發展，以及農民長久以來建立的農業習俗，再加上時間有限，因此幾乎沒有時間能夠觀光，甚至連研究農法改良後的效果都有困難。

不過在歷史悠久的京都古城，這座日本天皇從西元前八百年一直到西元一八六八年的宮廷所在地，我們還是短暫走訪了位於也阿彌飯店南邊二百七十三公尺的清水寺。

清水寺對面就是圓山公園，園中有棵巨大的百年櫻花樹，枝葉寬廣、樹幹直徑超過一百二十公分，上頭還裝了支柱以避免意外發生。由於櫻花樹能帶來令人震撼的視覺效果，在日本普遍將櫻花樹用於造景。觀賞用櫻花樹並不會結出可食用的果實，但盛開的櫻花極其美麗，如圖 202 所示。日本政府贈送至美國華盛頓的便是櫻花樹，但第一批櫻花樹由於感染病蟲害而可能危及原生樹種，所以遭到銷毀。

豐饒富足的京都美景

京都四周滿是絕妙美景，會選擇京都作為宮廷所在，顯然是出於其景觀效果帶來的莫大可能性，確實相當精明；也由於京都豐饒又富足的發展，使得許多藝術大家都對此地趨之若鶩。只要說到清水寺，我們就會想起從清水寺一路延伸至山頂的蓊鬱茂樹，使清水寺有如隱蔽在山腳下一般。

沒有任何文字、畫筆或攝影技術能夠傳達這幅景致，唯有親眼目睹才能感受到美景帶來的震撼；當天的清水寺遊客眾多，幾乎全是日本人，不分男女老幼，大部分看似並非富貴人家，但大家都跟我們一樣有如著迷般地流連忘返。最令人印象深刻的，便是讓萬物相形見絀的絕美山景，沿著清水寺大門外商家林立的小路往上爬，就能發現最微小的庭園景致如何在最艱困的處境下發展茁壯；在我跟時任教授一同離開時，碰巧遇見六名衣著邋遢的小男孩，正在沙地上堆砌著精巧的小公園，長三點六公尺、寬二點七公尺。他們肯定花了好幾個小時，因為公園裡有池塘、橋、小山與溝壑，還種了青苔與其他植物。男孩們潛心其中，以至於我們都站在一旁看了足足兩分鐘，才意識到我們的存在，其中年紀最大的男孩還不到十歲。

在寺裡頭，農民們不分男女紛紛來到神社前，抓起一條長吊繩上的門環，擺動大鑼前方的沉重繩結並敲響大鑼三聲，表示自己來到神明面前，並且跪下禱告，眾人心中最誠懇又堅定的信仰，都透過臉上的神情與祈禱的方式與表露無遺，他們此刻的內心已然別無他想。如此虔誠的表現更勝過基督徒，也不禁讓人懷疑世界上最崇高的禱告方式莫過於此。還有誰會認為他們僅止於虛無的幻想，無法與永恆的神靈交流？

在返回京都實驗站的路上，我們經過幾片日本蓼藍田，以一般稻米的方式種植，圖 203 為田中一景。蓼藍（Poligonum tindoria）是蓼

圖 203：京都市郊的日本蓼草田。

草的近親。苯胺與茜素染料在一九〇七年的進口量分別為七萬二千二百五十一公斤與三百二十二萬六千六百四十四公斤，而在這兩種染料進口之前，蓼藍的種植量遠超過現在，在一八九七年的乾蓼草收成量高達七千二百二十萬七千公斤；但是到了一九〇六年，收成量下滑至二千六百四十一萬三千二百公斤，其中百分之四十五種植在四國本島東部的德島縣。縣內人口為七十萬七千五百六十五，可耕地面積為十五萬九千四百五十英畝，平均每四點四人可分到一英畝，然而其中有一萬九千九百六十九英畝的農地用於種植蓼草，使每英畝糧田需要供養超過五人。

農民在每年兩月會在苗床上播種蓼草，到了五月便進行移植，六月底或七月一日會收割第一批蓼草，接著再次為田地施肥，讓殘株發出新芽，等到八月底或九月初再收成第二批。種植蓼草前可以先種植一期大麥或稻米，在為每批作物充分施肥的前提下，這種輪作法將能長期確保糧食的必須供給量。由於人口稠密，農民也會將蓼草加工當作居家副業，使他們將家中剩餘的勞力轉變為收入。

在種植量減少的一九〇七年，蓼草製品的價值為一百三十萬四千六百一十美元，其中有百分之四十五是出自德島縣的農村人口，用來交換稻米與其他必須品。德島縣於一九〇七年的種稻面積為七萬三千八百一十六英畝，收成量為五千一百四十七萬一千公斤，男女老幼每人平均可分到七十二點四公積，種植其他作物的農地則為六萬五千六百六十五萬英畝。

此外，縣內有高達八十七萬四千二百零八英畝的山地與丘陵地，可以提供燃料、製作肥料所需的燃料灰與綠肥，以及可用於灌溉的逕流水，也能讓農地用不到的多餘人力找到伐木或其他能賺取報酬的工作。

一分為二的田地

七月七日，我們再度從京都往東北方踏上旅程，在離開大谷時行經一條隧道後，琵琶湖倏地浮現眼前，火車也繞湖而行。我們在許多地方都看見正轉個不停的水車，直徑通常有三點六至四點八公尺，不過大多只有幾公分厚。一直到我們抵達琵琶湖之前，沿途的谷地面積狹小，只有少數的稻田。

在較高的山坡耕地上常常會有茶園，山腰上也有種植各種蔬菜的梯田，田地時常以稻草鋪成厚厚的護根層，而在更遠處被林木殘幹或草皮覆蓋的山坡則表示當地會定期進行砍伐。經過琵琶湖西側，便是整片綿延不斷的稻田。在抵達八幡之前，我們跨過一條注入琵琶湖的河流，河岸兩側築有三點六公尺高的堤壩，我們在離開草津後已經穿過兩條高架橋了。稻田旁的同一塊土地也種植其他作物，顯然是與稻米輪作，不過是種在高三十點四至三十五點六公分的狹長土丘上。

繼續朝東邊前進，我們進入其中一片重要的產桑地區，這裡的田地被劃分成兩種高度，較高的田地上種著桑樹或其他不需要灌溉的作物，較低的田地則用於種稻或與稻米輪作的作物。

在木曾川的同名車站，有四台固定在水面上的水力磨坊，各自利用分別設於頭尾的兩對大型水車推動，每對水車在相對兩側同軸轉動，借助水流的力量帶動石磨。

我們從木曾川進入日本最大的平原北端，此地寬四十八點三公里，並往南朝尾張灣延伸六十四點四公里。這片平原普遍分為高低兩層，高地與水田的落差不超過六十公分，多用於種植包括桑樹在內的各種旱作物。此地顯然屬於砂質土壤，但縣內稻米收成量卻高達每英畝三十七蒲式耳，大幅高於全國其他地區的平均產量。根據名古屋北部次級實驗站所做的土壤分析，三種主要植物養分的含量如下：

	氮	磷	鉀
	每百萬磅土壤		
	水田		
表土	1520	769	805
底土	810	756	888

	氮	磷	鉀
	旱田		
表土	1060	686	1162
底土	510	673	1204

（單位：磅）

這片平原上的綠肥作物包含兩種「粉紅苜蓿」，分別在秋天與五月十五日前後播種，第一批苜蓿的青草收成量為每英畝十六公噸，另一種則約五到八公噸。

在距離山地與丘陵地遙遠的平原上，農作物的莖部主要是當作燃料使用，再把燃料的灰燼撒在田裡，用量為每反地十貫，等於每英畝一百四十八點五公斤，成本為一點二美元，幾乎不太使用石灰。

愛知縣絕大部分位於這片平原上，耕地面積約等於十六個美國城鎮，人口為一百七十五萬二千零四十二人，密度為每英畝四點七人，而農家數量有二十一萬一千零三十三戶，平均每戶農家擁有一點七五英畝土地，主要產業是種稻與絲綢業。

我們離開位於安城的愛知農業實驗站後，很快就跨過地勢高過稻田、在堤壩間川流不息的矢作川。在比稻田高出三十至六十公分的台地上種植了桑樹、牛蒡與各種蔬菜，這幅景象一直綿延至岡崎、幸田與蒲郡，附近許多山丘因為近期才砍伐過，所以林貌稀疏，而我們所到之處都有大量捆起、準備當作燃料的松樹枝。在經過名古屋東邊一百零四點七公里處的御油後，桑樹便成了主要作物。接著來到花費大量人力將地勢分階整平的平原地區，垂直隆起的地面比低窪水田高出九十到一百二十公分；經過豐橋一段距離後，我們驚訝地發現一塊相對平坦的地帶，上頭長著大量的松樹與草本植物，顯然已經重複砍伐了許多次。過了二川，類似的稻田下方是質地較為細緻的土壤，更遠處則有些平地尚未耕種。

舞阪地區有大半的耕地用於種植桑樹，地勢低矮處則有蓮花池，而在濱松的稻田間穿插著許多垂直隆起三十至一百二十公分的台地，上頭種著桑樹或蔬菜。當我們來到天龍川的氾濫平原上，幾乎乾涸的河床足足有零點八公里寬，許多農村住家外都環繞著高二點七到三點六公尺、頂部修平、樹貌紮實的金松樹籬，形成美麗又有效的帷幕。

我們來到中泉時已經看不見桑樹園，取而代之的是茶園，而水稻田仍然隨處可見。我們也在此首次見到菸草田，車站邊堆滿了從中國東北進口的大量豆渣餅，顯然是由鐵路運至此地。

我們在金谷穿越一條很長的隧道，位在大井川的河谷之中，再經由一條有十九座橋墩的橋，跨越寬廣又幾乎乾涸的河床進入靜岡縣，這裡有滿山的茶園，涵蓋面積極廣，然而在經過下個車站、距離靜岡市二十七點三公里處，我們所橫越的一塊平坦地帶周圍卻盡是綿延不絕的稻田。

靜岡實驗站特別專注於園藝研究，在引進品質較佳的新品種水果與改良原生種方面也有長足進展。就我們在中國或日本飯店餐桌上中所見到的原生種梨子與桃子而言，口感或風味並不特別吸引人，但我們在此得以品嘗到三種不同的成熟無花果，無論風味或口感都相當高檔，其中一種的大小直逼較大顆的梨子。另外也嘗到了三種高品質的桃子，其中一種特別大顆，果皮與果肉還透出雅致的深玫瑰色澤。假如能將這些桃子製成罐頭以保留其精美色澤，必然會成為餐桌上的寵兒。這種桃子與另外兩種梨子的風味與口感同樣無可挑剔。

圖 204：靜岡實驗站的建築與地貌景觀。

實驗站也正嘗試生產果醬，我們也品嘗了三種絕佳的品牌，其中兩種蓮一點苦味都沒有。顯然中、日、韓三國在園藝發展方面的未來可期，可望能將廣大的山坡地派上用場，並且為新鮮水果、果醬、蜜餞與水果罐頭開拓廣泛的出口貿易。這三國的氣候、土壤條件，以及人民的性情與習性都相當適合園藝產業，再加上國民本身對水果的內需市場廣大，而且出口貿易除了能帶來最大的經濟利潤，更能增加勞動機會，提升人民收入。圖 204 為靜岡實驗站所拍攝的三張照片，最下圖可以看見山坡上種植柳橙與其他水果的陡峭梯田，即將結出帶來光明遠景的豐碩果實。

這裡的桃樹園種在山丘上，彼此間隔一百八十公分，三年之後開始結果，可以持續產果十到十五年，收益為每反地五十至六十日圓，等於每英畝一百至一百二十美元。桃樹園的肥料通常是糞肥與泥土製成的堆肥，施用量為每英畝一千四百八十五公斤，也會與同樣比率的魚粉交替使用。

靜岡縣算是日本的大縣之一，總面積為七千八百四十五平方公里，其中林地占五千四百一十三平方公里，長滿牧草的荒野占一千一百三十四平方公里，可耕地為一千二百九十八平方公里，其中水田面積不到一半，而稻米平均產量為每英畝三十三蒲式耳。靜岡縣人口為一百二十九萬三千四百七十人，每英畝耕地可供養約四人，平均每人可分得一百零六公斤稻米。

我們在七月十日離開靜岡前往東京，沿路許多地方都可看見農民在稻田水面上撒著肥料粉，可能是由豆渣餅所磨製。來到富士車站附近，跨過富士川足足有零點四公里寬的卵石與礫質河床後，我們穿過一片廣大的平原，在此處水田邊隆起的台地上種了許多桃樹，樹枝順著上方的棚架生長。在鈴川附近，農民會以鐮刀收割河堤沿岸的青草作為綠肥，施用在朝東邊往原（Hara）一路延伸長達九點七公里的稻田中。我們在此進入一片旱田地帶，當中的作物包括桑樹、茶樹、各種蔬菜以及一些旱稻，但隨後在沼津又再次看見長達六點四公里的水稻田。

鐵路在沼津車站轉向北方，繞過美麗的富士山東面，並爬升到充滿褐色沃土的高地上，這裡有許多直徑寬達六十公分的大型卵石。附近的山坡地上一片蓊鬱，放眼望去只有滿滿的青草，有許多馬鞍上馱著青草的馬匹走在鐵路沿線，要將青草從山上運到水田裡。此處有許多玉米田與蕎麥田，蕎麥可以研磨成粉，再製成通心粉以筷子食用，也能為以米飯與裸大麥為主的飲食增添變化。

來到御殿場，旅客都會在此下火車去爬富士山，鐵路由此再次向東轉，穿過許多坡度驟降的隧道，並跨越酒匂川的礫質河道。這條河跟我們先前旅經的其他主要溪流一樣，雖然時值雨季，但河水甚少，部分原因在於雨季才剛開始，也由於大量河水都被用於灌溉稻田，此外，排水渠道隨著坡度驟降以及水路長度相對較短，都是原因之一。過了山北之後，鐵路旁再次出現種植稻米的寬廣平原，山坡地也規劃成梯田，直到山頂附近都有種植作物。

海岸線往東南方急轉彎，來到地勢多山的國府津，此地主要種植蔬菜、桑樹與菸草，而菸草田向東綿延至大磯地區，經過大磯約一點六公里的路程中可見到馬鈴薯田、南瓜田與小黃瓜田，接著又是遍布稻田的平原。還沒到達平塚，眼前的稻田逐漸消失，火車接著經過一片相對平坦的砂質地區，有時也會看見礫石，種植桑樹、桃樹、茄子、番薯與旱稻的田地穿插在矮松樹與草本植被的空隙之間，有些松

圖 205：東京平原上的農地。上兩種主要是紅薯，其次是小麥，下方是花生。

樹才剛種下不久。在我們跨越馬入川的寬廣河道後也是類似地貌，一直延伸至藤澤過後的平原為止，才又出現水稻田，同時也有台地散布在田間。此地位於東京平原的西南邊界，東京平原是日本最大的平原地帶，幅員涵蓋五大縣，可耕地總面積為一百七十三萬九千二百英畝，在此耕作的農家共有六十五萬七千二百三十五戶，水稻種植面積為六十六萬一千六百一十三英畝，年產量約一千九百一十九萬八千蒲式耳，而包括居住在東京都的一百八十一萬八千六百五十五人在內，五大縣的男女老幼共計七百一十九萬四千零四十五人，平均每人可分到七十二點四公斤稻米。

圖 205 為七月十七日在地處平原東部的千葉縣所拍攝的三張照片，從其中兩張照片可以看見，仍有些捆成束的小麥佇立在成長中的作物之間，在雨季的影響下，經過雨淋日曬的麥粒已經開始發芽。花生、番薯與小米等主要旱田作物都種在土地上，水稻則浸在放滿水的窪地中，而蠶豆、油菜、小麥與大麥已經收成。我們所攀談的一戶農家正在為小麥打穀。這批作物長得很好，每英畝收成量約三十八點五至四十一點三蒲式耳，當時的價格為三十五至四十美元。這位農民在同一塊土地上還種了馬鈴薯，每英畝收成量為三百五十二至三百六十一蒲式耳，依照當時的市場售價，每英畝可帶來六十四至六十六美元的毛收入。

稻草作為肥料的應用

本書先前已經提過日本人在農耕時普遍會使用稻草，在商用農

圖 206：利用粗稻草與廢料製作護根層並同時施肥的兩種方法。

園中尤其顯著，如圖 206 所示便是這種農法的兩個階段。圖片下段顯示農園已經整好田埂並挖好犁溝，幼苗也已經插好，根部只覆蓋著少量土壤；下一個步驟如圖片中段所示，已經將一層稻草在根部上方壓實，最後一步便是蓋上土壤。

採用這種鋪設稻草的作法有幾種功用：1. 可以作為有效的護根層，並且不影響幼苗根部水分的毛細作用；2. 可以帶給土壤深層、徹底的通風效果，同時使雨水迅速滲入，帶動空氣流通；3. 稻草中的灰質成分能直接溶濾至需要灰質的根部；以及 4. 使稻草與土壤成為堆肥，在快速腐化後逐漸釋放讓根部立即使用的養分。圖片上段成行種

圖 207：東京帝國農業實驗站的土壤研究場一景。

植的茄子田裡鋪了厚實的稻草，用量之大足堪稱效果最佳的護根層，能大幅防止雜草生長，並且在雨季時成為實質上的肥料。

在種植如大麥、豆類、蕎麥或旱稻等旱田作物時，需要先將田地的土壤整理過，並挖出種植的深溝，接著放入肥料並蓋上一層土壤，之後才在土壤上播種。作物發芽時，若需要二次施肥，便沿著每行作物挖出溝槽、撒入肥料後再蓋上。當作物接近成熟、即將種下第二批作物時，便開挖新的溝槽，位置可以介於兩行作物中央，或是靠近其中一行作物，接著施肥並蓋上土壤後就能播種。藉此方式，便能使生長季中所消耗的時間減至最低，將田裡每寸土壤都用來生產作物。

我們很榮幸能參訪西原帝國農業實驗站，就位於東京附近，實驗站負責執掌全國的整體與技術性農業研究，其中又分為農業部、農業化學部、昆蟲學部、植物病理學部、園藝學部、家畜育種部、土壤部

圖 208：東京帝國農業實驗站的化學土壤研究設備一景。

與製茶部，各自擁有專屬的實驗室設備與研究員；全國有四十一個縣級實驗站與十四個次級實驗站，負責應對各地實際遭遇的農業問題，並根據中央實驗站所取得的研究結果，試行並實施相關結論與方法，同時也負責對各縣農民宣導農業知識。

日本自一八九三年起就開始對全國耕地進行全面性土壤普查，並以十萬分之一（一公分等同零點四公里實際距離）的比例繪製地圖，透過八種顏色標示出不同的主要地質結構，再以字母進一部細分。根據土壤的物理成分，共區分出十一種土壤類型，再將黑線與黑點印製於不同色塊上，標記各種土壤的範圍面積。每張地圖上也印有各種土壤深達三公尺的結構剖面插圖，並且將對應地區以紅色數字標示。

實驗室中也針對表土與底土樣本進行精細的化學與物理研究。帝國農業實驗站能夠勝任各種領域的研究工作，尤其在土壤研究方面更是首屈一指。圖 207 可看見一部分浸在水中的大型圓筒，裡頭裝著取自全國各地的各種土壤；圖 208 是另一批用於土壤研究的精密設備。

利用石蕊試紙的檢驗結果，日本幾乎所有耕地土壤都呈現酸性，研究人員認為或許是土中含有酸性水合矽酸鋁的緣故。

日本這個島國沿著亞洲海岸線延伸超過二十九個緯度，南端與台灣相鄰，北端接近庫頁島中部，將近三千七百零三公里的距離，緯度跨度相當於從古巴中部到加拿大的紐芬蘭北部與溫尼伯，但土地總面積僅有四十五萬四千三百五十八平方公里，還不到美國威斯康辛州、愛荷華州與明尼蘇達州的面積總和。在如此有限的土地中，現有耕地面積只有六萬一千三百七十七平方公里，且日本三大主島有多達一萬八千五百二十一平方公里屬於野草牧地。目前日本耕地面積只占全國總面積不到百分之十四。

假如能將全國坡度不足十此度的山坡地都用於農耕，表示四大主島中仍有三萬九千八百八十六平方公里的潛在耕地，足以為現有耕地增加百分之六十五點四的面積。

一九〇七年，日本農家共有五百八十一萬四千三百六十二戶，耕種面積為一千五百二十萬一七九百六十九英畝，除了農家本身以外，還養活了另外三百五十二萬二千八百七十七戶人家，共計五千一百七十四萬二千三百九十八人，平均每英畝耕地供養三點四人，而每位農民的平均耕種面積為二點六英畝。

人口密度與土地的開墾關係

日本正積極將尚未開墾的土地轉化為農地，一九〇七年的開墾面積為六萬四千四百四十八英畝。若新開墾的農地生產力也能達到與現有農地相同水準，應該能在維持每英畝耕地供養三點四人的條件下，使總人口增加三千五百萬人。

即便未來所開墾土地的生產力無法立即達到現有農地的水準，也能透過對土地管理的改良來彌補，日本的人口維持能力必然將因此倍增，並提供至少一億人更舒適的住所，使人民比現在更感到富足。

自一八七二年以來，日本人口的年成長率約為百分之一點一，倘若維持如此成長率，全國人口不出六十年就會突破一億大關。

然而，單靠耕地與放牧地的持續增加，要維持人口成長已是唾手可得，如果再加上農法與作物的改良，人口成長率必然更加突破，使日本人口達到一點五億之譜。但預想與現實仍有段差距，根據一九〇六年的資料，過去二十年來的稻米產量只比一八三八年增加了百分之三十三。

日本跟美國一樣，由於製造業與商業活動的興起，加上農家的土地數量有限，使農村人口大幅移往城市。

一九〇三年，日本人口中僅有百分之零點二居住在不到五百人的村落、百分之七十九居住在人數小於一萬的城鎮與村落，其餘百分之二十點七則住在規模較大的城市。

但是回到一八九四年，百分之八十四點四的人口都住在人數小於一萬的城鎮與村落中，反倒只有百分之十五點六的人住在超過一萬人的城鎮與村落；這十年間的鄉村人口成長率為百分之六點四，城市人口成長率則高達百分之六十一點七。

一九〇六年的日本仍然是農業國家，共有三百八十七萬二千一百零五戶農家，主要靠務農維生，另外有一百五十八萬一七二百零四人口將務農當作副業，占全國總戶數的百分之六十點二，比例與台灣相近，其中不包含單純出租農地的富有地主。

日本約有百分之三點三的農民是在自家土地上耕作；持有地較少而向地主額外租地的農民約占百分之四十六點六；約百分之二十點六的農民屬於佃農，耕種土地占農地總面積的百分之四十四點一。在一八九二年，持有超過二十五英畝土地的地主只占百分之一；持有地介於五至二十五英畝間的地主占百分之十一點七；另外百分之八十七點三的地址持有地不足五英畝。

在日本擁有超過七十五英畝土地的人，便會被稱為「大地主」。不過，除了北海道這塊新興農地以外，這種集廣大地權於一身的情況並不存在。

一塊田地的利益

《日本農業》是日本國家農業暨商業部轄下的農業局所發行的刊物，其中記載了農地租金、作物收益、稅金與支出等相關數據。富有地主出租農地的收益如下：

	每英畝水田	每英畝旱田
租金	27.89	13.53
稅金	7.34	1.98
支出	1.72	2.48
總支出	9.06	4.46
淨利	18.92	9.07

（單位：美元）

根據數據指出，水田的資本利率為百分之五點六，旱田為百分之五點七，代表每英畝價值分別為三百三十八美元及一百五十九美元。若地主以此利率將持有的十英畝水田與十英畝旱田出租，每年能夠獲得二百七十九美元的淨利。自有土地的農民，每英畝地收入如下：

	每英畝水田	每英畝旱田
作物收益	55.00	30.72
稅金	7.34	1.98
勞力及支出	36.20	24.00
總支出	43.54	25.98
淨利	11.46	4.74

（單位：美元）

在所持有水田與旱田各二點五英畝土地上耕作的農民，能獲得四十點五美元的淨利，其中已經扣除勞力成本。若將勞力成本納入，收入則是九十一美元。

佃農的耕地占總面積百分之四十一，收入如下：

	每英畝水田		每英畝旱田
	一期作物	兩期作物	
	每英畝		每英畝
作物收益	49.03	78.62	41.36
佃農費用	23.89	31.58	13.52
勞力	15.78	25.79	14.69
肥料	7.82	17.30	10.22
種子	0.82	1.40	1.57
其他支出	1.69	2.82	1.66
總支出	50.00	78.89	41.66
淨利	-0.97	-0.27	-0.30

（單位：美元）

根據資料指出，佃農所收成的作物不足以負擔勞力的支出。若佃農租賃五英畝田地並均分為水田與旱田來耕作，根據水田種植一期或一期作物的差異，收入分別為七十三或九十九點七三美元。這代表農民以勞力所換得的收入，而其他支出正好抵銷了作物價值的結餘。

但是日本每位農家的平均持有地只有二點六英畝，因此佃農戶的平均收入為三十七點九五或五十一點八六美元。

若要更清楚表示日本與美國農民目前的生活條件差異，可以將日本的數據換算為美國面積一百六十英畝的農地，數據統計如下：

	80 英畝水田	80 英畝旱田	總面積 160 英畝
作物收益	4400.00	2457.00	6857.00
稅金	587.20	158.40	745.60
支出	1633.60	744.80	2378.40
勞力	1262.40	1175.20	2437.60
總成本	3488.20	2078.40	5561.60
淨利	916.80	379.20	1296.00
納入勞力之收益	2179.20	1554.40	3733.60

（單位：美元）

美國的一戶農家便擁有一百六十英畝農場，淨收益高達一千二百九十六美元，但日本農家的平均持有地只有二點六英畝，若以日本的務農條件計算，等於把一百六十英畝農地的收入均分給將近六十一戶農家，平均每戶淨收益只有二十一點二五美元，若納入勞力成本，則每戶收入將多出三十九點九六美元，達到六十點六七美元，與美國農戶的三千七百三十三點六美元天差地遠。

找出適應壓力的生活方式

這番數據顯示出日本農民為了維持家計所承擔的巨大壓力與負擔。種植一期稻作的佃農需支付每英畝二十三點八九美元的租金；若種植兩期稻作，租金為三十一點五八美元；若是承租旱田，租金則為十三點五二美元。除了租金以外，還需要分別加上十點三三美元、二

圖 209：即便年過七十，仍然辛勤勞動。

十一點五二美元或十三點四五美元的肥料、種子與其他支出，等於每英畝總支出分別為三十四點二二美元、五十三點一美元或二十六點九七美元，換言之，每蒲式耳小麥的售價必須達到一美元才能收支平衡。此外，農民還必須承擔天氣、蟲害或枯萎病所帶來的風險，只能殷切期盼除了回收每季成本外，還能獲取十四點八一美元、二十五點五二美元或十四點三九美元的相應報酬。

對所有國家而言，整體社會的主要負擔一直都是戰爭或政府的支出，而這也默默影響著日本的土地稅賦；日本旱地的稅金為每英畝一點九八美元，水田則為每英畝七點三四美元，因此一塊一百六十英畝、沒有建物的土地，每年就必須負擔三百至一千一百美元的稅金。日本於一九〇七年的總預算為一億三千四百九十四萬一千一百一十三美元，等於每位男性、女性與孩童都必須繳交二點六美元的稅金；每英畝耕地的稅金為八點九美元，每戶人家還要繳交二十三美元的稅金。就如此規範看來，也難怪日本人在年過七十後仍然辛勤地勞動，如圖 209 所示。

這幅景象既讓人感到希望，卻也不禁令人可悲。這一體兩面已經共存超過半個世紀，但若過去的日子中充滿辛勞，人民的健全體魄與純正品格必將隨之而來。倘若負擔一直都如此沉重，人民必將學會減輕彼此的壓力、圓滿彼此的心念、使彼此的欣喜之情更加誠摯，也更有能力承受悲傷；孩子在這樣的家庭中出生、成長，乃至於孕育下一代，必然能為國家奠定強大的國力與歷久不衰的根基。

本書先前已然提及農家婦女與孩童所分擔的相關工作，男性在務農的空檔也會為家中勞務盡一分力。這些副業帶來的收益確實能為農家增添微薄收入，對於應付高昂的稅賦與租金也的確不無小補。

CIRCLE 06

CIRCLE 06